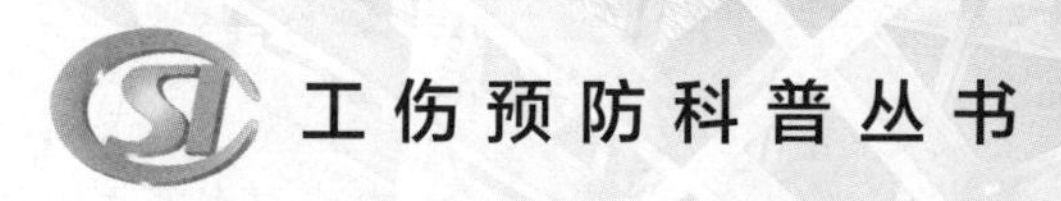

尘毒高危企业工伤预防知识

“工伤预防科普丛书”编委会 编

U0346973

中国劳动社会保障出版社

图书在版编目(CIP)数据

尘毒高危企业工伤预防知识 / “工伤预防科普丛书”编委会编 . -- 北京：中国劳动社会保障出版社，2021

(工伤预防科普丛书)

ISBN 978-7-5167-5129-9

Ⅰ. ①尘… Ⅱ. ①工… Ⅲ. ①粉尘 - 工伤事故 - 事故预防 - 基本知识 Ⅳ. ① X928.1

中国版本图书馆 CIP 数据核字(2021)第 206373 号

中国劳动社会保障出版社出版发行

(北京市惠新东街 1 号 邮政编码：100029)

*

三河市华骏印务包装有限公司印刷装订 新华书店经销

880 毫米 × 1230 毫米 32 开本 6.25 印张 127 千字

2021 年 11 月第 1 版 2021 年 11 月第 1 次印刷

定价：25.00 元

读者服务部电话：(010) 64929211/84209101/64921644

营销中心电话：(010) 64962347

出版社网址：http://www.class.com.cn

版权专有 侵权必究

如有印装差错，请与本社联系调换：(010) 81211666

我社将与版权执法机关配合，大力打击盗印、销售和使用盗版图书活动，敬请广大读者协助举报，经查实将给予举报者奖励。

举报电话：(010) 64954652

“工伤预防科普丛书”编委会

主　任： 佟瑞鹏

委　员： 安　宇　张鸿莹　尘兴邦　孙宁昊　姚健庭
宫世吉　刘兰亭　张　冉　王思夏　雷达晨
王小龙　杨校毅　杨雪松　范冰倩　张　燕
周晓凤　孙　浩　张渤苓　王露露　高　宁
李宝昌　王一然　曹兰欣　赵　旭　李子琪
王　祎　郭子萌　张姜博南　王登辉　姚泽旭

主　编： 孙宁昊　王露露

内容简介

生产性粉尘和生产性毒物一直以来都是严重影响职工生命健康的职业病危害因素，在矿山、金属冶炼、化工危险化学品等行业企业的生产劳动过程中，职工难免会接触各类尘毒高危环境，对人体造成伤害或患职业病而导致工伤。

本书紧扣安全生产、工伤保险、防尘防毒等法律法规，详细介绍了尘毒高危企业职工在生产过程中应该了解的工伤保险与工伤预防基础知识。本书内容主要包括：工伤保险与工伤预防基础知识、权利义务、尘毒高危企业职业健康管理、尘毒高危企业生产性粉尘防治、尘毒高危企业职业中毒防治、尘毒高危企业职业病防治、尘毒高危企业劳动防护用品安全使用和尘毒高危企业工伤现场急救等内容。

本书所选题目典型性、通用性强，文字编写浅显易懂，版式设计新颖活泼，漫画配图直观生动，可作为工伤预防管理部门和用人单位开展工伤预防宣传教育工作使用，也可作为广大职工群众增强工伤预防意识、提升安全生产素质的普及性学习读物。

前　言

工伤预防是工伤保险制度体系的重要组成部分。做好工伤预防工作，开展工伤预防宣传和培训，有利于增强用人单位和职工的守法维权意识，从源头减少工伤事故和职业病的发生，保障职工生命安全和身体健康，减少经济损失，促进社会和谐稳定发展。

党和政府历来高度重视工伤预防工作。2009年以来，全国共开展了三次工伤预防试点工作，为推动工伤预防工作奠定了坚实基础。2017年，人力资源社会保障部等四部门印发《工伤预防费使用管理暂行办法》，对工伤预防费的使用和管理作出了具体的规定，使工伤预防工作进入了全面推进时期。2020年，人力资源社会保障部等八部门联合印发《工伤预防五年行动计划（2021—2025年）》（以下简称《五年行动计划》）。《五年行动计划》要求以习近平新时代中国特色社会主义思想为指导，全面贯彻党的十九大和十九届二中、三中、四中、五中全会精神，坚持以人民为中心的发展思想，完善"预防、康复、补偿"三位一体制度体系，把工伤预防作为工伤保险优先事项，通过推进工伤预防工作，提高工伤预防意识，改善工作场所的劳动条件，防范重特大事故的发生，切实降低工伤发生率，促进经济社会持续健康发展。《五年行动计划》同时明确了九项工作任务，其中包括全面加强工伤预防宣传和深入推进工伤预防培训等内容。

结合目前工伤保险发展现状，立足全面加强工伤预防宣传和深入推进工伤预防培训，我们组织编写了“工伤预防科普丛书”。本套丛书目前包括《〈工伤保险条例〉理解与适用》《〈工伤预防五年行动计划（2021—2025年）〉解读》《农民工工伤预防知识》《工伤预防基础知识》《工伤预防职业病防治知识》《工伤预防个体防护知识》《工伤预防应急救护知识》《建筑施工工伤预防知识》《矿山工伤预防知识》《化工危险化学品工伤预防知识》《机械加工工伤预防知识》《尘毒高危企业工伤预防知识》《交通与运输工伤预防知识》《冶金工伤预防知识》《火灾爆炸工伤预防知识》《有限空间作业工伤预防知识》《物流快递人员工伤预防知识》《网约工工伤预防知识》《公务员和事业单位人员工伤预防知识》《工伤事故典型案例》等分册。本套丛书图文并茂、生动活泼，力求以简洁、通俗易懂的文字普及工伤预防最新政策和科学技术知识，不断提升各行业职工群众的工伤预防意识和自我保护意识。

本套丛书在编写过程中，参阅并部分采用了相关资料与著作，在此对有关著作者和专家表示感谢。由于种种原因，图书可能会存在不当或错误之处，敬请广大读者不吝赐教，以便及时纠正。

“工伤预防科普丛书”编委会

2021年6月

目　录

第1章 工伤保险与工伤预防基础知识

1. 什么是工伤保险？

工伤保险是社会保险的一个重要组成部分，它通过社会统筹建立工伤保险基金，对保险范围内的职工在生产经营活动中或在规定的某些情况下遭受意外伤害、患职业病以及因这两种情况造成职工死亡，或暂时或永久丧失劳动能力时，职工或其近亲属能够从国家、社会得到必要的物质补偿，以保证职工或其近亲属的基本生活，以及为受工伤的职工提供必要的医疗救治和康复服务。工伤保险保障了工伤职工的合法权益，有利于妥善处理事故和恢复生产，维护正常的生产、生活秩序，维护社会安定。

工伤保险有四大基本特点：一是强制性，指国家立法强制一定范围内的用人单位、职工必须依法参加。二是非营利性，工伤

保险是国家对职工履行的社会责任，也是职工应该享受的基本权利。国家施行工伤保险制度，目的是保障职工的安全健康，因此国家提供所有与工伤保险有关的服务，均不以营利为目的。三是保障性，保障职工在发生工伤事故后，对职工或其近亲属发放工伤保险待遇，保障其生活。四是互助互济性，指通过强制征收保险费，建立工伤保险基金，由社会保险行政部门在人员之间、地区之间、行业之间调剂使用基金。

法律提示

2003 年 4 月 27 日《工伤保险条例》以国务院令第 375 号公布，2004 年 1 月 1 日生效实施。2010 年 12 月 8 日，《国务院关于修改〈工伤保险条例〉的决定》由国务院令第586号公布，自2011年1月1日起施行。

现行《工伤保险条例》分8章67条，各章内容如下：第一章总则，第二章工伤保险基金，第三章工伤认定，第四章劳动能力鉴定，第五章工伤保险待遇，第六章监督管理，第七章法律责任，第八章附则。

2. 落实《工伤保险条例》，施行工伤保险制度有什么重要意义？

2010年12月20日，国务院发布《关于修改〈工伤保险条例〉的决定》，新修订的《工伤保险条例》（以下简称《条例》）2011年1月1日起正式施行。新《条例》的立法宗旨是：为了保障因工作遭受事故伤害或患职业病的职工获得医疗救治和经济补偿，促进工伤预防和职业康复，分散用人单位的工伤风险。修订后的《工伤保险条例》主要体现了以下几个方面的重要意义：

（1）更好地保障工伤职工权益

新《条例》调整扩大了工伤保险实施范围和工伤认定范围，大幅度地提高了工伤待遇水平，简化了认定、鉴定和争议处理程序。这些都可以充分保障工伤职工及其家属的合法权益，减少工伤职工的经济负担，进而促进社会和谐稳定。

（2）分散用人单位工伤风险，减轻了经济负担

新《条例》扩大了工伤保险范围，通过社会统筹的工伤保险

制度，分散各类用人单位要承担的工伤职工经济费用，同时因为可以把一些工伤职工管理的具体事务性工作，交由相关的工伤保险经办机构处理，也减轻了用人单位管理上的负担。新《条例》规定把原来由用人单位支付的工伤职工待遇改为由工伤保险基金支付，还规范统一了工伤职工的待遇标准，保证他们待遇的及时发放。

（3）有利于加快完善工伤保险制度体系

新《条例》明确了工伤预防的重要性，并且规定了工伤预防费用的使用，确立了工伤预防工作在工伤保险制度中的重要地位；对工伤康复也做了更加明确的规定，使工伤康复相关工作有了强有力的法律和物质保障。这样，通过实施新《条例》，工伤预防、工伤补偿和工伤康复三位一体的工伤保险制度体系就很好地形成，有利于促进工伤保险制度的事后补偿与事前预防并重的良性循环，从根本上保障了职工的工伤权益。

3. 工伤保险的原则是什么？

（1）强制性原则

由于工伤会给职工带来痛苦，给家庭带来不幸，也于用人单位乃至国家不利，因此国家通过立法，强制实施工伤保险，规定属于覆盖范围的用人单位必须依法参加并履行缴费义务。

（2）无过错补偿原则

工伤事故发生后，不管过错在谁，工伤职工均可获得补偿，以保障其及时获得救治和基本生活保障。但这并不妨碍有关部门对事故责任人的追究，以防止类似事故的重复发生。

（3）个人不缴费原则

这是工伤保险与养老、医疗、失业等其他社会保险项目的区别之处。由于职业伤害是在工作过程中造成的，劳动力是生产的重要因素，职工为用人单位创造财富的同时付出了代价，所以理应由用人单位负担全部工伤保险费，职工个人不缴纳任何费用。

（4）风险分担、互助互济原则

通过法律强制征收保险费，建立工伤保险基金，采取互助互济的方法，分散风险，缓解部分行业企业因工伤事故或职业病所产生的负担，从而减少社会矛盾。

（5）实行行业差别费率和浮动费率原则

为强化不同工伤风险类别行业相对应的雇主责任，充分发挥缴费费率的经济杠杆作用，促进工伤预防、减少工伤事故，工伤保险实行行业差别费率，并根据用人单位工伤保险支缴率和工伤事故发生率等因素实行浮动费率。

（6）补偿与预防、康复相结合的原则

工伤预防、工伤补偿与工伤康复三者是密切相连的，构成了工伤保险制度的三个支柱。工伤预防是工伤保险制度的重要内容，工伤保险制度致力于采取各种措施，以减少和预防事故的发生。工伤事故发生后，及时对工伤职工予以医治并给予经济补偿，使工伤职工本人或家族成员生活得到一定的保障，是工伤保险制度基本的功能。同时，要及时对工伤职工进行医学康复和职业康复，使其尽可能恢复或部分恢复劳动能力，具备从事某种职业的能力，能够自食其力，这可以减少人力资源和社会资源的浪费。

（7）一次性补偿与长期补偿相结合原则

对工伤职工或工亡职工的近亲属，工伤保险待遇实行一次性补偿与长期补偿相结合的办法。如对高伤残等级的职工、工亡职工的近亲属，工伤保险机构一般在支付一次性补偿项目的同时，还按月支付长期待遇，直至其失去供养条件为止。这种一次性和长期补偿相结合的补偿办法，可以长期、有效地保障工伤职工及工亡职工近亲属的基本生活。

4. 我国工伤保险制度的适用范围是什么？

《条例》规定：中华人民共和国境内的企业、事业单位、社会团体、民办非企业单位、基金会、律师事务所、会计师事务所等组织和有雇工的个体工商户（统称为用人单位）应当依照本条例规定参加工伤保险，为本单位全部职工或者雇工（统称为职工）

缴纳工伤保险费。中华人民共和国境内的企业、事业单位、社会团体、民办非企业单位、基金会、律师事务所、会计师事务所等组织的职工和个体工商户的雇工，均有依照本条例的规定享受工伤保险待遇的权利。

《条例》所规定的“企业”，包括在中国境内的所有形式的企业。按照所有制划分，有国有企业、集体所有制企业、私营企业、外资企业；按照所在地域划分，有城镇企业、乡镇企业；按照企业的组织结构划分，有公司、合伙企业、个人独资企业、股份制企业等。

5. 为什么工伤保险费由用人单位或雇主缴纳?

工伤保险费是由用人单位或雇主按国家规定的费率缴纳的，职工个人不缴纳任何费用，这是工伤保险与基本养老保险、基本医疗保险等其他社会保险项目的不同之处。个人不缴纳工伤保险费，体现了工伤保险的严格雇主责任。

随着经济、社会的发展，世界各国已达成共识，认为职工在为用人单位创造财富、为社会做出贡献的同时，还冒着付出健康和鲜血的代价，因此由用人单位缴纳保险费是完全必要和合理的。我国《工伤保险条例》规定，用人单位应当按时缴纳工伤保险费。职工个人不缴纳工伤保险费。用人单位缴纳工伤保险费的数额为本单位职工工资总额乘以单位缴费费率之积。对难以按照工资总额缴纳工伤保险费的行业，其缴纳工伤保险费的具体方式，由国务院社会保险行政部门规定。

6. 什么情形可以认定为工伤、视同工伤和不得认定为工伤？

《条例》对工伤的认定作出了明确规定。

（1）认定为工伤的情形

职工有下列情形之一的，应当认定为工伤：

1）在工作时间和工作场所内，因工作原因受到事故伤害的。

2）工作时间前后在工作场所内，从事与工作有关的预备性或者收尾性工作受到事故伤害的。

3）在工作时间和工作场所内，因履行工作职责受到暴力等意外伤害的。

4）患职业病的。

5）因工外出期间，由于工作原因受到伤害或者发生事故下落不明的。

6）在上下班途中，受到非本人主要责任的交通事故或者城市轨道交通、客运轮渡、火车事故伤害的。

7）法律、行政法规规定应当认定为工伤的其他情形。

（2）视同工伤的情形

职工有下列情形之一的，视同工伤：

1）在工作时间和工作岗位，突发疾病死亡或者在48小时之内经抢救无效死亡的。

2）在抢险救灾等维护国家利益、公共利益活动中受到伤害的。

3）职工原在军队服役，因战、因公负伤致残，已取得革命伤残军人证，到用人单位后旧伤复发的。

职工有上述第1）项、第2）项情形的，按照《工伤保险条例》有关规定享受工伤保险待遇；职工有上述第3）项情形的，按照《工伤保险条例》的有关规定享受除一次性伤残补助金以外的工伤保险待遇。

（3）不得认定为工伤的情形

职工符合前述规定，但是有下列情形之一的，不得认定为工伤或者视同工伤：

1）故意犯罪的。

2）醉酒或者吸毒的。

3）自残或者自杀的。

相关链接

田某在某市铸造厂从事铸造工作。某日，车间主任派他到该厂另外一车间拿工具。在返回工作岗位途中，田某被该厂建筑工地坠落的砖块砸伤头部，当即被送往医院救治，后被诊断为脑挫裂伤。出院后，田某向单位申请工伤保险待遇，但是单位认为他不是在本职岗位受伤，因此不能享受工伤保险待遇。田某遂向当地社会保险行政部门投诉，要求认定其为工伤。

当地社会保险行政部门经调查后认为：虽然田某的致伤地点不是本职岗位，但他是受领导（车间主任）指派离开本职岗位到另一车间拿工具的，故其受伤地点应属于工作场所。

这一事故具有一般工伤事故应具备的“三工”要素，即在工作时间、工作地点，因工作原因而受伤。因此，当地社会保险行政部门认定田某为工伤，并责成单位按规定给予田某相应的工伤保险待遇。

7. 申请工伤认定的主要流程有哪些？

（1）发生工伤

职工发生工伤事故，或被诊断为职业病。

（2）提出工伤认定申请

职工所在单位应当自职工事故伤害发生之日或者职工被诊断、鉴定为职业病之日起 30 日内，向统筹地区社会保险行政部门提出工伤认定申请。

提示：用人单位未按规定提出工伤认定申请的，工伤职工或者其近亲属、工会组织在事故伤害发生之日或者被诊断、鉴定为职业病之日起 1 年内，可以直接向用人单位所在地统筹地区社会保险行政部门提出工伤认定申请。

（3）备齐申请材料

1）工伤认定申请表。

2）与用人单位存在劳动关系（包括事实劳动关系）的证明材料。

3）医疗诊断证明或者职业病诊断证明书（或者职业病诊断鉴定书）。

其中，工伤认定申请表应当包括事故发生的时间、地点、原因以及职工伤害程度等基本情况。

（4）社会保险行政部门受理

申请材料完整，属于社会保险行政部门管辖范围且在受理时效内的，应当受理。申请材料不完整的，社会保险行政部门应当一次性书面告知工伤认定申请人需要补正的全部材料。

（5）作出工伤认定

社会保险行政部门应当自受理工伤认定申请之日起 60 日内作出工伤认定的决定，并书面通知申请工伤认定的职工或者其近亲属和该职工所在单位。

8. 申请劳动能力鉴定的主要流程有哪些?

（1）职工伤情基本稳定，进行劳动能力鉴定

职工发生工伤，经治疗伤情相对稳定后存在残疾、影响劳动能力的，应当进行劳动能力鉴定。

（2）备齐材料，提出申请

劳动能力鉴定由用人单位、工伤职工或者其近亲属向设区的市级劳动能力鉴定委员会提出申请，并提供工伤认定决定和职工工伤医疗的有关资料。

（3）接受申请，作出鉴定结论

设区的市级劳动能力鉴定委员会应当自收到劳动能力鉴定申请之日起60日内作出劳动能力鉴定结论，必要时，作出劳动能力鉴定结论的期限可以延长30日。劳动能力鉴定结论应当及时送达申请鉴定的单位和个人。

（4）存在异议，可向上级部门提出再次鉴定申请

申请鉴定的单位或者个人对设区的市级劳动能力鉴定委员会作出的鉴定结论不服的，可以在收到该鉴定结论之日起15日内向省、自治区、直辖市劳动能力鉴定委员会提出再次鉴定申请。省、自治区、直辖市劳动能力鉴定委员会作出的劳动能力鉴定结论为最终结论。

（5）伤残情况发生变化，可申请劳动能力复查鉴定

自劳动能力鉴定结论作出之日起1年后，工伤职工或者其近亲属、所在单位或者经办机构认为伤残情况发生变化的，可以申请劳动能力复查鉴定。

9. 工伤保险待遇主要包括哪些?

《工伤保险条例》中规定的工伤保险待遇主要如下:

(1)工伤医疗及康复待遇

工伤医疗及康复待遇包括工伤治疗及相关补助待遇、工伤康复待遇、辅助器具的安装配置待遇等。

(2)停工留薪期待遇

职工因工作遭受事故伤害或者患职业病需要暂停工作接受工伤医疗的，在停工留薪期内，原工资福利待遇不变，由所在单位按月支付。停工留薪期一般不超过12个月。伤情严重或者情况特殊，经设区的市级劳动能力鉴定委员会确认，可以适当延长，但延长不得超过12个月。生活不能自理的工伤职工在停工留薪期需要护理的，由所在单位负责。

（3）伤残待遇

根据工伤发生后劳动能力鉴定确定的劳动功能障碍程度和生活自理障碍程度的等级不同，工伤职工可享受相应的一次性伤残补助金、伤残津贴、一次性工伤医疗补助金、一次性伤残就业补助金及生活护理费等。

（4）工亡待遇

职工因工死亡，其近亲属按照规定从工伤保险基金领取丧葬补助金、供养亲属抚恤金和一次性工亡补助金。

10. 为什么要做好工伤预防？

工伤预防是建立健全工伤预防、工伤补偿和工伤康复“三位一体”工伤保险制度的重要内容，是指事先防范职业伤亡事故以及职业病的发生，减少职业伤亡事故及职业病隐患，改善和创造有利于健康、安全的生产环境和工作条件，保护职工在生产、工作环境中的安全和健康。工伤预防的措施主要包括工程技术措施、教育措施和管理措施。

职工在劳动保护和工伤保险方面的权利与义务是基本一致的。在劳动关系中，获得劳动保护是职工的基本权利，工伤保险又是其劳动保护权利的延续。职工有权获得保障其安全和健康的劳动条件，同时也有义务严格遵守安全操作规程，遵章守纪，预防职业伤害的发生。

当前国际上，现代工伤保险制度已经把事故预防放在优先位置。我国的《工伤保险条例》也把工伤预防定为工伤保险三

大任务之一，从而逐步改变了过去重补偿、轻预防的模式。因此，那种“工伤有保险，出事有人赔，只管干活挣钱”的说法，显然是错误的。工伤赔偿是发生职业伤害后的救助措施，不能挽回失去的生命和复原残疾的身体。职工只有加强安全生产，才能保障自身的安全；只有做好工伤预防，才能保障自身的健康。生命安全和身体健康才是职工的最大利益。用人单位和职工要永远共同坚持“安全第一、预防为主、综合治理”的方针。

11. 为什么要安全生产?

安全生产是党和国家在生产建设中一贯的指导思想和重要方针，是全面落实习近平新时代中国特色社会主义思想，构建社会主义和谐社会的必然要求。

安全生产的根本目的是保障职工在生产过程中的安全和健康。安全生产是安全与生产的统一，安全促进生产，生产必须安全，没有安全就无法正常进行生产。搞好安全生产工作，改善劳动条件，减少职工伤亡与财产损失，不仅可以增加企业效益，促进企业健康发展，而且还可以促进社会和谐，保障经济建设安全进行。

《中华人民共和国安全生产法》(以下简称《安全生产法》)是我国安全生产的专门法律、基本法律，是我国职业安全法律体系的核心，自2002年11月1日起实施。《安全生产法》明确规定安全生产应当以人为本，坚持人民至上、生命至上，把保护人民生命安全摆在首位，树牢安全发展理念，坚持“安全第一、预防为主、综合治理”的方针。强化和落实生产经营单位的主体责任与政府监管责任，建立生产经营单位负责、职工参与、政府监管、行业自律和社会监督的工作机制。这是党和国家对安全生产工作的总体要求，企业和从业人员在劳动生产过程中必须严格遵循这一基本方针。

“安全第一”说明和强调了安全的重要性。人的生命是至高无上的，每个人的生命只有一次，要珍惜生命、爱护生命、保护生命。事故意味着对生命的摧残与毁灭，因此，在生产活动中，应把保护人的生命安全摆在首位。“预防为主”是指安全工作的重点应放在预防事故的发生上，按照系统工程理论，根据事故发展的规律和特点，预防事故发生。安全工作应当做在生产活动之前，事先就充分考虑事故发生的可能性，并自始至终采取有效措施以防止和减少事故。“综合治理”是指要自觉遵循安全生产规律，抓住安全生产工作中的主要矛盾和关键环节。要标本兼治，重在治本，采取各种管理手段预防事故发生，实现治标的同时，研究治本的方法。要综合运用科技、经济、法律、行政等手段，并充分发挥社会、职工、舆论的监督作用，从各个方面着手解决影响安全生产的深层次问题，做到思想上、制度上、技术上、监督检查上、事故处理上和应急救援上的综合管理。

法律提示

《中华人民共和国宪法》第四十二条第一款、第二款规定：中华人民共和国公民有劳动的权利和义务。国家通过各种途径，创造劳动就业条件，加强劳动保护，改善劳动条件，并在发展生产的基础上，提高劳动报酬和福利待遇。

12. 生产性粉尘和生产性毒物分别是什么？

（1）生产性粉尘是指在生产过程中形成的，能够较长时间飘浮在作业场所空气中的固体微粒。生产性粉尘按其性质一般分为三大类。

1）无机粉尘：矿物性粉尘，如石英、石棉、滑石、煤等；金属性粉尘，如铁、锡、铝、锰、铅、锌等；人工无机粉尘，如金刚砂、水泥、玻璃纤维等。

2）有机粉尘：动物性粉尘，如毛、丝、骨质等；植物性粉尘，如棉、麻、草、甘蔗、谷物、木、茶等；人工有机粉尘，如有机农药、有机染料、合成树脂、合成橡胶、合成纤维等。

3）混合性粉尘：它是上述各类粉尘中的两种或两种以上混合形成的粉尘，在生产中这种粉尘最为多见。

（2）毒物是指在一定的条件下，以较小剂量作用于人体，即可引起人体生理功能改变或器质性损害，甚至危及生命的化学物质。

生产性毒物是指在生产中使用、接触的能使人体器官组织机能或形态发生异常改变而引起暂时性或永久性病理变化的物质。通常情况下，各种生产过程中产生或使用的有毒物质特别是化学性有毒物质统称为生产性毒物或工业毒物。

13. 生产性粉尘和生产性毒物的主要来源有哪些?

（1）生产性粉尘的主要来源

1）生产过程中对固体物质进行机械性破碎、研磨等产生的粉尘，如煤的粉碎等。

2）金属冶炼或者对物体进行加热时，固体升华或液体蒸发、挥发时形成的蒸气，在空气中凝结或氧化形成的微小尘粒，如焦炉装煤或推焦的过程等。

3）有机物质燃烧或不完全燃烧时，排放物中含有大量微小的尘粒和烟雾。如煤的自燃或者燃烧时，或因氧气供应不足等其他原因而不能充分燃烧时，烟气排出物质中会含有多种形式的尘粒等。

4）在对粉状物料的混合、转运、筛分、包装、卸料等生产过程中，大量尘粒从设备缝隙中逸出等。

（2）生产性毒物的主要来源

1）生产原料，如生产颜料、蓄电池使用的氧化铅，生产合成纤维、燃料使用的苯等。

2）中间产品，如用苯和硝酸生产苯胺时，产生的硝基苯等。

3）成品，如农药厂生产的各种农药等。

4）辅助材料，如橡胶、印刷行业用作溶剂的苯和汽油等。

5）副产品及废弃物，如炼焦时产生的煤焦油、沥青，冶炼金属时产生的二氧化硫等。

6）夹杂物，如硫酸中混杂的砷等。

相关链接

根据粒子在人体呼吸道沉积的部位不同，粉尘可分为：

（1）非吸入性粉尘

一般认为，直径大于15微米的颗粒被吸入呼吸道的机会非常少，所以称为非吸入性粉尘。

（2）可吸入性粉尘

直径小于15微米的颗粒可以吸入呼吸道，进入肺腔，因此称为可吸入性粉尘或者胸腔性粉尘。

（3）呼吸性粉尘

直径小于5微米的粉尘颗粒可到达呼吸道深部和肺泡区，进入气体交换区域，并沉积在呼吸性细支气管和肺泡上，被称为呼吸性粉尘。

14. 生产性粉尘和生产性毒物的安全风险有哪些?

（1）生产性粉尘的安全风险

1）造成爆炸。某些粉尘（如谷物、煤、铝、织物纤维、硫化物等粉尘）在一定条件下可以爆炸，造成人身伤亡、财产损失。

2）引发职业病。作业人员长期吸入粉尘后，轻者会致呼吸道炎症、皮肤病，重者会导致肺尘埃沉着病，且有些粉尘不但能引起肺尘埃沉着病，还具有致癌性，如石棉尘、铬、砷、镍及放射性矿尘等。

3）降低工作场所能见度，增加工伤事故的发生概率。粉尘会使作业环境的能见度和光照度降低，当粉尘浓度很高时，会造成作业场所能见度降低，影响作业环境中人员的视野，往往会导致误操作，造成人员意外伤亡。

（2）生产性毒物的安全风险

生产性毒物的安全风险主要是会造成作业人员职业中毒。根据化学物质的毒性程度，生产性毒物对人体的毒性作用可分为四种，分别是绝对毒性、相对毒性、有效毒性和急性毒作用。

1）扰乱机体器官的正常工作。生产性毒物进入人体后，能够引起局部刺激和腐蚀作用，如强酸（硫酸、硝酸）、强碱（氢氧化钠、氢氧化钾）可直接腐蚀皮肤和黏膜。有些有毒气体能够阻止人体对氧的吸收、运输和利用，甚至导致中毒者当场死亡，如一

氧化碳被吸入后会很快与血红蛋白结合，影响血红蛋白运送氧气；刺激性气体和氯气被吸入后可形成肺水肿，妨碍肺泡的气体交换功能，使其不能吸收氧气；稀有气体或毒性较小的气体如氮气、甲烷、二氧化碳等，会降低空气中的氧分压而使人窒息。

2）改变机体的免疫功能。生产性毒物可以干扰机体免疫系统，致使机体免疫力低下，使人体更容易患上其他相关的疾病。

3）抑制机体酶系统的活性。当机体酶系统的活性受到抑制时，会引发日常人们所说的“三致”，即致癌、致畸、致突变。

15. 尘毒高危企业主要分布在哪些行业?

（1）生产性粉尘分布的重点行业

1）煤矿。煤矿开采分为井下开采和露天开采，基本生产过程包括掘进、采煤、运输、回填等，每个生产过程的作业现场都是粉尘易发并易产生危害的重点区域。根据煤矿生产过程产生的粉尘成分或性质，将其分为煤尘和岩尘。煤矿粉尘主要具有两种危害特征：

①爆炸性危害。煤尘爆炸会产生高温火焰、爆炸冲击波（最高达 2 兆帕），并生成大量的一氧化碳和其他有毒有害气体。爆炸的高温火焰会导致人体皮肤、呼吸器官和消化器官黏膜烧伤，并造成生产设备毁坏，同时易形成二次火源，引起火灾。煤尘爆炸可使沉积煤尘扬起并参与爆炸，从而引起二次、三次煤尘爆炸，甚至连续爆炸，严重的会造成全矿井毁坏。

②呼吸性危害。煤矿生产过程中（如掘进、采煤、放炮、运

输和破碎等）会产生大量的煤尘或岩尘，这些粉尘的危害性大小与其分散度、游离二氧化硅含量有关，一般与游离二氧化硅和有害物质含量成正比。尤其是直径为 10 微米以下的呼吸性粉尘对人体的危害最大，可以进入肺泡，使肺组织发生病理学改变，丧失正常通气和换气功能，劳动者长期吸入后易患尘肺病。

2）非煤矿山。非煤矿山矿井内许多生产过程，如钻眼、爆破、采矿、运输等都会产生大量粉尘。作业环境的粉尘浓度、分散度及游离二氧化硅含量取决于井下开采方式和岩层的地质结构，如在凿岩中，干式凿岩的粉尘浓度远远高于湿式凿岩。随着机械化程度提高和湿式作业的普及，在规模较大的矿山，作业点的粉尘浓度达标率有很大提高，但在一些小型矿山中，由于机械化程度低，粉尘浓度超标率仍相当高，尘肺病仍然是劳动者的主要职业病类型。

3）金属冶炼与铸造行业。冶金工业是开采和处理金属矿山以及将金属冶炼、加工成材的生产行业，生产钢铁（有时包括铬和锰）及其合金的工业称为黑色冶金工业，生产非铁金属及其合金的工业称为有色冶金工业。

①钢铁工业。在钢铁工业生产中，许多环节都会产生生产性粉尘，如在烧结厂中，烧结机尾部的烧结块下落时可产生大量粉尘，并且处理烧结块的劳动者还易被烧伤；在耐火材料生产过程中，粉尘是最严重的有害因素，尤其在原料破碎、粉碎、过筛、混料等工序中，由于各种耐火材料的原料中均含有质量分数为 47%~96% 的游离二氧化硅，如果机械化程度不高，劳动者就会长期暴露在粉尘环境之中；在干燥和煅烧过程中，人可受到高温、

热辐射及粉尘的联合作用；炼钢、炼铁、轧钢和焦化等生产环节，以高温、一氧化碳、热辐射、粉尘等职业病危害因素为主。

②有色冶金工业。各种有色金属（如铅、砷、铍、镉、汞、铬、锰、镍、硒、锑、碲、钛、钒、铀等）冶炼加工过程中产生的金属烟、尘，可引起金属毒物中毒，一些金属（如氧化锌、镍、锡、锑等）烟，可引起金属烟热。

③机械制造工业。机械制造工业中生产性粉尘主要存在于铸造车间，如型砂原料含有游离二氧化硅，并且在配制（碾砂、筛砂、拌砂）、制型、落砂、清砂过程中都会产生大量粉尘。在机械加工车间中，对金属零部件磨光和抛光过程可产生金属和矿物性粉尘，装配焊接时可产生电焊粉尘。

4）化工与纺织行业

①化工行业。化工生产涉及多个环节，当原料或产品为粉末时，均可产生有毒有害或易燃易爆粉尘。同时，从事化工生产的劳动者还面临着外伤、急慢性中毒以及患癌等多种职业安全健康风险。

②纺织行业。纺织行业生产中，开棉、混棉、清棉及梳棉均可产生大量棉尘，并夹杂沙土、种子壳等。另外，原毛处理特别是拣毛、选毛，打麻和梳麻，缫丝在烘干后进行选剥，以及化纤材料的处理等，均可产生大量粉尘。吸入棉麻粉尘可引起棉尘病，毛尘可引起毛纺热，长期接触棉花的劳动者易患纺织热和织工咳两种过敏性疾病，打麻工和梳麻工易患梳麻工热病。

（2）可能使劳动者接触毒物的生产操作

1）原料的开采和提炼。在开采过程中可产生粉尘或逸散出蒸气，如锰矿中锰粉，汞矿中的汞蒸气等。

2）材料的搬运和储藏。固态材料产生的粉尘，如铅及其化合物等；液态有毒物质包装泄漏，如苯的氨基、硝基化合物等；储存气态毒物的钢瓶泄漏，如氯气等。

3）材料加工。原材料的粉碎、筛选、配料以及手工加料时，导致的粉尘飞扬及蒸气的逸出。

4）化学反应。化学反应控制不当可能会引发有毒气体的释放。

5）操作。成品、中间体或残余物料出料时，物料输送管道或出料口发生堵塞，如成品的烘干、包装。

6）生产中应用。在农业生产中喷洒杀虫剂、矿山掘进作业使用炸药等。

7）其他。有些作业虽不使用有毒物质，但在特定情况下劳动者也会因接触毒物引发中毒，如进入地窖、废巷道或地下污水井引发硫化氢中毒等。

知识学习

同一种粉尘，在作业环境中浓度越高、人体暴露于其中的时间越长，其造成危害越大。粉尘浓度稳定时，接触时间可以代表累积接触量。

16. 尘毒高危企业职工发生工伤后该怎么办？

尘毒高危企业职工在工作中受到伤害后可采取以下措施，以保障自己的合法权益。

（1）工伤认定

用人单位应当自事故伤害发生之日或者被诊断、鉴定为职业病之日起 30 日内，工伤职工或者其直系亲属、工会组织应在事故伤害发生之日或者被诊断、鉴定为职业病之日起 1 年内，向统筹地区社会保险行政部门提出工伤认定申请，并按照《工伤保险条例》第十八条规定，提交相关申请材料，具体包括：工伤认定申请表，与用人单位存在劳动关系（包括事实劳动关系）的证明材料，医疗诊断证明或者职业病诊断证明书（或者职业病诊断鉴定书）。

（2）工伤医疗

职工因工作遭受事故伤害或者患职业病进行治疗，享受工伤医疗待遇。职工治疗工伤应当在签订服务协议的医疗机构就医，情况紧急时可以先到就近的医疗机构急救。参保工伤职工治疗工伤所需费用按规定从工伤保险基金支付。

（3）工伤康复

工伤职工到签订服务协议的康复机构进行工伤康复的费用，符合规定的，从工伤保险基金支付。

（4）劳动能力鉴定

职工发生工伤，经治疗伤情相对稳定后存在残疾、影响劳动能力的，应当进行劳动能力鉴定。劳动能力鉴定由用人单位、工伤职工或者其近亲属向设区的市级劳动能力鉴定委员会提出申请，并提供工伤认定决定和职工工伤医疗的有关资料。

（5）工伤保险待遇

已经参加工伤保险的有限空间作业职工受到事故伤害或者被诊断、鉴定为职业病经认定为工伤后，按照《工伤保险条例》规定享受各项工伤保险待遇。

工伤保险待遇包括工伤医疗期间待遇、工伤医疗终结后一次性发放的待遇、工伤医疗终结后定期发放的待遇及因工死亡待遇等。

17. 从业人员的工伤预防责任主要有哪些？

（1）遵守劳动纪律，自觉执行企业安全规章制度和安全操作规程，听从指挥，杜绝违章行为。

（2）认真执行交接班制度，保证本岗位工作地点和设备工具的安全、整洁，不随便拆除安全防护装置，不使用自己不该使用的机械和设备。

（3）自觉并正确佩戴劳动防护用品，妥善保管和正确使用各种防护器具和灭火器材。

（4）积极参加安全生产教育和安全生产技能培训，提高安全操作技术水平。

（5）不得擅自私拉乱接电线，不得擅自动用明火。

（6）及时报告、处理事故隐患，积极参加事故抢救工作。

（7）批评、检举、拒绝违章指挥、违章操作、违反劳动纪律行为。

《安全生产法》规定，从业人员在作业过程中，应当严格遵守本单位的安全生产规章制度和操作规程，服从管理，正确佩戴和使用劳动防护用品。从业人员应当接受安全生产教育和培训，掌握本职工作所需的安全生产知识，提高安全生产技能，增强事故预防和应急处理能力。从业人员发现事故隐患或者其他不安全因素，应当立即向现场安全生产管理人员或者本单位负责人报告；接到报告的人员应当及时予以处理。

18. 应注意杜绝哪些不安全行为?

一般来说，凡是能够或可能导致事故发生的人为失误均属于不安全行为。《企业职工伤亡事故分类》（GB 6441—1986）中规定的 13 大类不安全行为如下：

（1）未经许可开动、关停、移动机器；开动、关停机器时未给信号；开关未锁紧，造成意外转动、通电或泄漏等；忘记关闭设备；忽视警告标志、警告信号；操作错误（指按钮、阀门、扳手、把柄等的操作）；奔跑作业；供料或送料速度过快；机械超速运转；违章驾驶机动车；酒后作业；客货混载；冲压机作业时，手伸进冲压模；工件紧固不牢；用压缩空气吹铁屑等。

（2）拆除安全装置，安全装置堵塞，调整错误造成安全装置失效。

（3）临时使用不牢固的设施或无安全装置的设备等。

（4）用手代替工具操作；用手清除切屑；不用夹具固定，用手拿工件进行机加工。

（5）成品、半成品、材料、工具、切屑和生产用品等存放不当。

（6）冒险进入危险场所。

（7）攀、坐不安全位置（如平台护栏、汽车挡板、吊车吊钩）。

（8）在起吊物下作业、停留。

（9）机器运转时进行加油、修理、检查、调整、焊接、清扫等。

（10）有分散注意力的行为。

（11）在必须使用劳动防护用品用具的作业或场合中，忽视其使用。

（12）在有旋转零部件的设备旁作业时穿着过于肥大的服装，操纵带有旋转零部件的设备时戴手套等。

（13）对易燃、易爆等危险物品处理错误。

血的教训

某日，某矿生产一班给矿皮带工张某、和某两人打扫 4 号给矿皮带附近的场地，清理积矿。当张某清扫完非人行道上的积矿后，准备到人行道上帮助和某清扫。当时，张某拿着一把 1.7 米长的铁铲，为图方便抄近路，他违章从 4 号给矿皮带与 5 号给矿皮带之间穿越（当时，4 号给矿皮带正以 2 米 / 秒的速度运行，5 号给矿皮带已停运）。张某手里拿的铁铲触及运行中的4号给矿皮带的增紧轮，铁铲和人一起被卷到了皮带增紧轮上，铁铲的木柄被折成两段弹了出去，张某的头部顶在增紧轮外的支架上。在高速运转的皮带挤压下，张某头骨破裂，当场死亡。

这起事故的直接原因是张某安全意识淡薄，自我保护意识极差，严重违反了给矿皮带工安全操作规程中关于“严禁穿越皮带”的规定。事后据调查，张某曾多次违章穿越皮带，属习惯性违章。正是他的违章行为，导致了这起伤亡事故的发生。

这起事故给人们的教训是，用人单位应设置有效的安全防护设施，提高设备的本质安全水平。同时，对职工要加强教育，增强其安全意识，杜绝不安全行为。

19. 应注意避免出现哪些不安全心理?

根据大量的工伤事故案例分析，导致职工发生职业伤害最常见的不安全心理状态主要有以下几种：

（1）自我表现心理——“虽然我进厂时间短，但我年轻、聪明，干这活儿不在话下……”。

（2）经验心理——“多少年一直是这样干的，干了多少遍了，能有什么问题……”。

（3）侥幸心理——“完全照操作规程做太麻烦了，变通一下也不一定会出事吧……”。

（4）从众心理——“他们都没戴安全帽，我也不戴了……”。

（5）逆反心理——“凭什么听班长的呀，今儿就这么干，我就不信会出事……”。

（6）反常心理——“早晨孩子肚子疼，自己去了医院，也不知道是什么病，真担心……”。

血的教训

某日，某机械厂切割机操作工王某，在巡视纵向切割机时发现刀锯与板坯摩擦，有冒烟和燃烧迹象，如不及时处理有可能引起火灾。王某当即停掉风机和切割机去排除故障，但没有关闭皮带机电源，皮带机仍然处于运转中。当王某伸手去掏燃着的纤维板屑时，袖口连同右臂突然被皮带机齿轮绞住，直到工友听到王某的呼救声才关闭了皮带机电源。这起事故造成王某右臂伤残。这起事故的发生与王某存在侥幸麻痹心理有直接的关系。王某以前多次不关闭皮带机电源就去排除故障，侥幸未造成事故，因而麻痹大意，由此逐渐形成习惯性违章行为并最终导致惨剧发生。

20. 职工工伤保险和工伤预防的权利主要体现在哪些方面?

职工工伤保险和工伤预防的权利主要体现在以下几个方面:

（1）有权获得劳动安全卫生的教育和培训，了解所从事的工作可能对身体健康造成的危害和可能发生的不安全事故。

（2）有权获得保障自身安全健康的劳动条件和劳动防护用品。

（3）有权对用人单位管理人员违章指挥、强令冒险作业予以拒绝。

（4）有权对危害生命安全和身体健康的行为提出批评、检举和控告。

（5）从事职业危害作业的职工有权获得定期健康检查。

（6）发生工伤时，有权得到抢救治疗。

（7）发生工伤后，职工或其近亲属有权向当地社会保险行政部门申请工伤认定和享受工伤保险待遇。

（8）工伤职工有权依法享受有关工伤保险待遇。

（9）工伤职工发生伤残，有权提出劳动能力鉴定申请和再次鉴定申请。自劳动能力鉴定结论作出之日起一年后，工伤职工或其近亲属认为伤残情况发生变化的，可以申请劳动能力复查鉴定。

（10）因工致残尚有工作能力的职工，在就业方面应得到特殊保护。依照法律，用人单位对因工致残的职工不得解除劳动合同，并应根据不同情况安排适当工作。在建立和发展工伤康复事业的情况下，工伤职工应当得到职业康复培训和再就业帮助。

（11）职工与用人单位发生工伤待遇方面的争议，按照处理劳动争议的有关规定处理；职工对工伤认定结论不服或对经办机构核定的工伤保险待遇有异议的，可以依法申请行政复议，也可以依法向人民法院提起行政诉讼。

21. 什么是安全生产的知情权和建议权？

在生产劳动过程中，往往存在着一些危害职工安全和健康的因素。职工有权了解其作业场所和工作岗位与安全生产有关的情况：一是存在的危险因素；二是防范措施；三是事故应急措施。职工对于安全生产的知情权，是保护其生命健康权的重要前提。如果职工知道并且掌握有关安全生产的知识和处理办法，就可以消除许多不安全因素和事故隐患，避免或者减少事故的发生。

同时，职工对本单位的安全生产工作有建议权。安全生产工作涉及职工的生命安全和身体健康。因此，职工有权参与用人单位的民主管理，并且通过这样的民主管理，充分调动其关心安全生产的积极性与主动性，为本单位的安全生产工作献计献策、提出意见与建议。

22. 什么是安全生产的批评、检举、控告权？

这里的批评权，是指职工对本单位安全生产工作中存在的问题提出批评的权利。这一权利规定有利于职工对用人单位的生产经营进行群众监督，促使用人单位不断改进本单位的安全生产工作。

这里的检举权、控告权，是指职工对本用人单位及有关人员违反安全生产法律法规的行为，有向主管部门和司法机关进行检举和控告的权利。检举可以署名，也可以不署名；可以用书面形式，也可以用口头形式。但是，职工在行使这一权利时，应注意检举和控告的情况必须真实，要实事求是。此外，法律明令禁止对检举者和控告者进行打击报复。

23. 女职工依法享有哪些特殊劳动保护权利?

女职工的身体结构和生理特点决定其应受到特殊劳动保护。女职工的体力一般比男职工差，特别是女职工在“五期”（经期、孕期、产期、哺乳期、围绝经期）有特殊的生理变化，所以女职工对工业生产过程中的有毒有害因素一般比男职工更敏感。另外，高噪声、剧烈振动、放射性物质等都会对女性生殖机能和身体产生有害影响。因此，要做好和加强女职工的特殊劳动保护工作，避免和减少生产劳动过程给女职工带来危害。

《女职工劳动保护特别规定》经2012年4月18日国务院第200次常务会议通过，由国务院令第619号公布施行。该规定对女职工的特殊劳动保护作出以下要求：

（1）用人单位应当加强女职工劳动保护，采取措施改善女职工劳动安全卫生条件，对女职工进行劳动安全卫生知识培训。

（2）用人单位应当遵守女职工禁忌从事的劳动范围的规定。用人单位应当将本单位属于女职工禁忌从事的劳动范围的岗位书面告知女职工。

（3）用人单位不得因女职工怀孕、生育、哺乳降低其工资、予以辞退、与其解除劳动或者聘用合同。

（4）女职工在孕期不能适应原劳动的，用人单位应当根据医疗机构的证明，予以减轻劳动量或者安排其他能够适应的劳动。对怀孕7个月以上的女职工，用人单位不得延长劳动时间或者安排夜班劳动，并应当在劳动时间内安排一定的休息时间。怀孕女职工在劳动时间内进行产前检查，所需时间计入劳动时间。

（5）女职工生育享受98天产假，其中产前可以休假15天；难产的，增加产假15天；生育多胞胎的，每多生育1个婴儿，增加产假15天。女职工怀孕未满4个月流产的，享受15天产假；怀孕满4个月流产的，享受42天产假。

（6）女职工产假期间的生育津贴：对已经参加生育保险的，按照用人单位上年度职工月平均工资的标准由生育保险基金支付；对未参加生育保险的，按照女职工产假前工资的标准由用人单位

支付。女职工生育或者流产的医疗费用，按照生育保险规定的项目和标准，对已经参加生育保险的，由生育保险基金支付；对未参加生育保险的，由用人单位支付。

（7）对哺乳未满 1 周岁婴儿的女职工，用人单位不得延长劳动时间或者安排夜班劳动。用人单位应当在每天的劳动时间内为哺乳期女职工安排 1 小时哺乳时间；女职工生育多胞胎的，每多哺乳 1 个婴儿每天增加 1 小时哺乳时间。

（8）女职工比较多的用人单位应当根据女职工的需要，建立女职工卫生室、孕妇休息室、哺乳室等设施，妥善解决女职工在生理卫生、哺乳方面的困难。

（9）在劳动场所，用人单位应当预防和制止对女职工的性骚扰。

（10）用人单位违反有关规定，侵害女职工合法权益的，女职工可以依法投诉、举报、申诉，依法向劳动人事争议调解仲裁机构申请调解仲裁，对仲裁裁决不服的，可以依法向人民法院提起诉讼。

法律提示

（1）女职工禁忌从事的劳动范围

1）矿山井下作业。

2）体力劳动强度分级标准中规定的第四级体力劳动强度的作业。

3）每小时负重6次以上、每次负重超过20千克的作业，或者间断负重、每次负重超过25千克的作业。

（2）女职工在经期禁忌从事的劳动范围

1）冷水作业分级标准中规定的第二级、第三级、第四级冷水作业。

2）低温作业分级标准中规定的第二级、第三级、第四级低温作业。

3）体力劳动强度分级标准中规定的第三级、第四级体力劳动强度的作业。

4）高处作业分级标准中规定的第三级、第四级高处作业。

（3）女职工在孕期禁忌从事的劳动范围

1）作业场所空气中铅及其化合物、汞及其化合物、苯、镉、铍、砷、氰化物、氮氧化物、一氧化碳、二硫化碳、氯、己内酰胺、氯丁二烯、氯乙烯、环氧乙烷、苯胺、甲醛等有毒物质浓度超过国家职业卫生标准的作业。

2）从事抗癌药物、己烯雌酚生产，接触麻醉剂气体等的作业。

3）非密封源放射性物质的操作，核事故与放射事故的应急处置。

4）高处作业分级标准中规定的高处作业。

5）冷水作业分级标准中规定的冷水作业。

6）低温作业分级标准中规定的低温作业。

7）高温作业分级标准中规定的第三级、第四级的作业。

8）噪声作业分级标准中规定的第三级、第四级的作业。

9）体力劳动强度分级标准中规定的第三级、第四级体力劳动强度的作业。

10）在密闭空间、高压室作业或者潜水作业，伴有强烈振动的作业，或者需要频繁弯腰、攀高、下蹲的作业。

（4）女职工在哺乳期禁忌从事的劳动范围

1）孕期禁忌从事的劳动范围的第1）项、第3）项、第9）项。

2）作业场所空气中锰、氟、溴、甲醇、有机磷化合物、有机氯化合物等有毒物质浓度超过国家职业卫生标准的作业。

24. 为什么未成年工享有特殊劳动保护权利？

未成年工依法享有特殊劳动保护的权利，这是针对未成年工处于生长发育期的特点所采取的特殊劳动保护措施。

未成年工处于生长发育期，身体机能尚未健全，也缺乏生产知识和生产技能，过重及过度紧张的劳动、不良的工作环境、不适的劳动工种或劳动岗位，都会对他们产生不利影响，如果劳动过程中不进行特殊保护就会损害他们的身体健康。

例如，未成年少女长期从事负重作业和立位作业，可影响骨盆正常发育，导致其成年后生育难产发病率增高；未成年工对生产性毒物敏感性较高，长期从事有毒有害作业易引起职业中毒，影响其生长发育。

法律提示

《中华人民共和国劳动法》第五十八条第二款规定，未成年工是指年满十六周岁未满十八周岁的劳动者。

第六十四条规定，不得安排未成年工从事矿山井下、有毒有害、国家规定的第四级体力劳动强度的劳动和其他禁忌从事的劳动。

第六十五条规定，用人单位应当对未成年工定期进行健康检查。

关于未成年工其他特殊劳动保护政策和未成年工禁忌作

业范围的规定，可查阅《中华人民共和国未成年人保护法》《未成年工特殊保护规定》等。

25. 签订劳动合同时应注意哪些事项？

劳动者在上岗前应和用人单位依法签订劳动合同，建立明确的劳动关系，确定双方的权利和义务。关于劳动保护和安全生产，在签订劳动合同时应注意两方面的问题：第一，在合同中要载明保障劳动者劳动安全、防止职业危害的事项；第二，在合同中要载明依法为劳动者办理工伤保险的事项。

遇有以下合同不要签：

（1）“生死合同”

在危险性较高的行业，用人单位往往在合同中写上一些逃避责任的条款，如“发生伤亡事故，单位概不负责”等。

（2）“暗箱合同”

这类合同隐瞒工作过程中的职业危害，或者采取欺骗手段剥夺劳动者的合法权利。

（3）“霸王合同”

有的用人单位与劳动者签订劳动合同时，只强调自身的利益，无视劳动者依法享有的权益，不容许劳动者提出意见，甚至规定“本合同条款由用人单位解释”等。

（4）“卖身合同”

这类合同要求劳动者无条件听从用人单位安排，用人单位可以任意安排加班、强迫劳动，使劳动者完全失去人身自由。

（5）“双面合同”

一些用人单位在与劳动者签订合同时准备了两份合同，一份合同用来应付有关部门的检查，另一份用来约束劳动者。

法律提示

《安全生产法》规定：生产经营单位与从业人员订立的劳动合同，应当载明有关保障从业人员劳动安全、防止职业危害的事项，以及依法为从业人员办理工伤保险的事项。生产经营单位不得以任何形式与从业人员订立协议，免除或者减轻其对从业人员因生产安全事故伤亡依法应承担的责任。

26. 职工工伤保险和工伤预防的义务主要有哪些?

权利与义务是对等的，有相应的权利，就有相应的义务。职工在工伤保险和工伤预防方面的义务主要如下：

（1）职工有义务遵守劳动纪律和用人单位的规章制度，做好本职工作和被临时指定的工作，服从本单位负责人的工作安排和指挥。

（2）职工在劳动过程中必须严格遵守安全操作规程，正确使用劳动防护用品，接受劳动安全卫生教育和培训，配合用人单位积极预防事故和职业病。

（3）职工或其近亲属报告工伤和申请工伤保险待遇时，有义务如实反映发生事故和职业病的有关情况及工资收入、家庭有关情况；当有关部门调查取证时，应当给予配合。

（4）除紧急情况外，发生工伤的职工应当到工伤保险签订服务协议的医疗机构进行治疗，进行治疗、康复、评残要接受有关机构的安排，并给予配合。

27. 职工为何必须遵章守制与服从管理?

安全生产规章制度、安全操作规程是生产经营单位管理规章制度的重要组成部分。

根据《安全生产法》及其他有关法律、法规和规章的规定，生产经营单位必须制定本单位安全生产的规章制度和操作规程。职工必须严格依照这些规章制度和操作规程进行生产经营作业。单位的负责人和管理人员有权依照规章制度和操作规程进行安全管理，监督检查职工遵章守制的情况。依照法律规定，生产经营单位的职工不服从管理，违反安全生产规章制度和操作规程的，由生产经营单位给予批评教育，依照有关规章制度给予处分；造成重大事故，构成犯罪的，依照刑法有关规定追究其刑事责任。

28. 为什么职工必须按规定佩戴和使用劳动防护用品？

职工在劳动生产过程中应履行按规定佩戴和使用劳动防护用品的义务。

按照法律法规的规定，为保障人身安全，用人单位必须为职工提供必要的、安全的劳动防护用品，以避免或者减轻作业中的人身伤害。但在实践中，一些职工缺乏安全知识，心存侥幸或嫌麻烦，往往不按规定佩戴和使用劳动防护用品，由此引发的人身伤害事故时有发生。另外，有的职工由于不会或者没有正确使用劳动防护用品，同样也难以避免受到人身伤害。因此，正确佩戴和使用劳动防护用品是职工必须履行的法定义务，这是保障职工人身安全和用人单位安全生产的需要。

血的教训

某日下午，某水泥厂在进行倒料作业时，包装工王某因脚穿拖鞋，行动不便、重心不稳，左脚踩进螺旋输送机上部10 厘米宽的缝隙内，正在运行的机器将其脚和腿绞了进去。

王某大声呼救，其他人员见状立即停车并反转盘车，才将王某的脚和腿退出。尽管王某被迅速送到医院救治，仍造成左腿高位截肢。

造成这起事故的直接原因是王某未按规定穿工作鞋，而是穿着拖鞋在凹凸不平的机器上行走，失足踩进机器缝隙。这起事故说明，上班时间职工必须按规定佩戴和使用劳动防护用品，绝不允许穿着拖鞋上岗操作。一旦发现这种违章行为，班组长以及其他职工应该及时纠正。

29. 为什么职工应当接受安全教育和培训?

不同企业、不同工作岗位和不同的生产设施设备具有不同的安全技术特性和要求。随着高新技术装备的大量使用，企业对职工的安全素质要求越来越高。职工安全意识和安全技能的高低，直接关系企业生产活动的安全可靠性。职工需要具有系统的安全知识、熟练的安全生产技能，以及对不安全因素、事故隐患、突发事故的预防、处理能力。要适应企业生产活动的需要，职工必须接受专门的安全生产教育和业务培训，不断提高自身的安全生产技术和能力。

30. 发现事故隐患应该怎么办?

职工往往属于事故隐患和不安全因素的第一当事人。许多生产安全事故正是由于职工在作业现场发现事故隐患和不安全因素后，没有及时报告，以致延误了采取措施进行紧急处理的时机，最终酿成惨剧。相反，如果职工尽职尽责，及时发现并报告事故隐患和不安全因素，使之得到及时、有效的处理，就完全可以避免事故发生和降低事故损失。所以，发现事故隐患并及时报告是贯彻“安全第一、预防为主、综合治理”方针、加强事前防范的重要措施。

31. 尘毒高危企业如何配备职业健康管理机构和人员?

（1）尘毒高危企业应当设置或者指定职业健康管理机构，配备专职或者兼职的职业健康管理人员，以负责本单位的职业危害防治工作。

（2）尘毒高危企业的主要负责人和职业健康管理人员应当具备与本单位所从事的生产经营活动相适应的职业健康知识和管理能力，并参加卫生行政主管部门组织的职业健康培训。

（3）尘毒高危企业应当对职工进行上岗前的职业健康培训和在岗期间的定期职业健康培训，普及职业健康知识，督促职工遵守职业危害防治的法律、法规、规章、国家标准、行业标准和操作规程。

相关链接

生产经营单位是职业危害防治的责任主体。

生产经营单位的主要负责人对本单位作业场所的职业危害防治工作全面负责。

32. 尘毒高危企业应当建立、健全哪些职业危害防治制度和操作规程?

尘毒高危企业应当建立、健全下列职业危害防治制度和操作规程:

（1）职业危害防治责任制度。

（2）职业危害告知制度。

（3）职业危害申报制度。

（4）职业健康宣传教育培训制度。

（5）职业危害防护设施维护、检修制度。

（6）职工劳动防护用品管理制度。

（7）职业危害日常监测管理制度。

（8）职工职业健康监护档案管理制度。

（9）岗位职业健康操作规程。

（10）法律、法规、规章规定的其他职业危害防治制度。

相关链接

任何单位和个人均有权向负有卫生行政管理职责的政府部门举报生产经营单位违反职业病防治规定的行为和职业危害事故。

33. 尘毒高危企业的作业场所应当符合哪些要求?

尘毒高危企业的作业场所应当符合以下要求：

（1）生产布局合理，有害作业与无害作业分开。

（2）作业场所与生活场所分开，作业场所不得住人。

（3）有与生产性粉尘、毒物防治工作相适应的有效防护设施。

（4）生产性粉尘、毒物等职业病危害因素的强度或者浓度符合国家标准、行业标准。

（5）符合法律、法规、规章、国家标准、行业标准的其他规定。

34. 尘毒高危企业的职业危害评价和“三同时”责任有哪些要求?

（1）新建、改建、扩建的工程建设项目和技术改造、技术引进项目（统称建设项目）可能产生职业危害的，建设单位应当按照有关规定，在可行性论证阶段委托具有相应资质的职业健康技术服务机构进行预评价。

（2）产生职业危害的建设项目应当在初步设计阶段编制职业危害防治专篇。职业危害防治专篇应当报送建设项目所在地卫生行政部门备案。

（3）建设项目的职业危害防护设施应当与主体工程同时设计、同时施工、同时投入生产和使用（简称“三同时”）。职业危害防护设施所需费用应当纳入建设项目工程预算。

（4）建设项目在竣工验收前，建设单位应当按照有关规定委托具有相应资质的职业健康技术服务机构进行职业危害控制效果评价。建设项目竣工验收时，其职业危害防护设施依法经验收合格，取得职业危害防护设施验收批复文件后，方可投入生产和使用。

法律提示

《安全生产法》规定，生产经营单位新建、改建、扩建工程项目的安全设施，必须与主体工程同时设计、同时施工、同时投入生产和使用。安全设施投资应当纳入建设项目概算。

35. 尘毒高危企业对职工的职业健康检查负有哪些责任?

（1）尘毒高危企业不得安排未经上岗前职业健康检查的职工从事接触粉尘、毒物等职业危害的作业；不得安排有职业禁忌的职工从事其所禁忌的作业；对在职业健康检查中发现有与所从事职业相关的健康损害的职工，应当调离原工作岗位，并妥善安置；

对未进行离岗前职业健康检查的职工，不得解除或者终止与其订立的劳动合同。

（2）尘毒高危企业应当为职工建立职业健康监护档案，并按照规定的期限妥善保存。职工离开单位时，有权索取本人职业健康监护档案复印件，用人单位应当如实、无偿提供，并在所提供的复印件上签章。

（3）尘毒高危企业不得安排未成年工从事接触粉尘、毒物等职业危害的作业；不得安排孕期、哺乳期的女职工从事对本人和胎儿、婴儿有危害的作业。

（4）尘毒高危企业发生职业危害事故，应当及时向所在地卫生行政部门和其他有关部门报告，并采取有效措施，减少或者消除职业病危害因素，防止事故扩大。对遭受职业危害的职工，及时组织救治，并承担所需费用。

相关链接

对接触职业危害的职工，用人单位应当按照国家有关规定组织上岗前、在岗期间和离岗时的职业健康检查，并将检查结果书面告知职工。职业健康检查费用由用人单位承担。

36. 尘毒高危企业职业危害项目申报职责有哪些?

用人单位工作场所职业危害项目应每年申报一次。用人单位有下列情形之一的，应当按照相关规定向原申报机关申报变更职业危害项目内容：

（1）进行新建、改建、扩建、技术改造或者技术引进的，在建设项目竣工验收之日起 30 日内进行申报。

（2）因技术、工艺、设备或者材料发生变化导致原申报的职业病危害因素及其相关内容发生重大变化的，自发生变化之日起 15 日内进行申报。

（3）用人单位工作场所、名称、法定代表人或者主要负责人发生变化的，自发生变化之日起 15 日内进行申报。

（4）经过职业病危害因素检测、评价，发现原申报内容发生变化的，自收到有关检测、评价结果之日起 15 日内进行申报。

相关链接

存在职业危害的用人单位，应当依法及时、如实地将本单位的职业病危害因素向所在地卫生行政部门申报，并接受相关部门的监督和检查。

37. 尘毒高危企业职业危害项目申报的主要内容有哪些？

尘毒高危企业申报职业危害项目时，应当提交职业危害项目申报表和下列文件、资料：

（1）生产经营单位的基本情况。

（2）工作场所职业病危害因素种类、分布情况以及接触人数。

（3）法律、法规和规章规定的其他文件、资料。

相关链接

职业危害项目申报工作实行属地分级管理的原则。

中央企业、省属企业及其所属单位的职业危害项目申报，向其所在地设区的市级人民政府卫生行政部门申报。上述规定以外的其他单位的职业病危害项目，向其所在地县级人民政府卫生行政部门申报。

38. 什么是职业健康监护档案？尘毒高危企业应如何管理职业健康监护档案？

（1）职业健康监护档案及其内容

职业健康监护档案是健康监护全过程的客观记录资料，是系统地观察劳动者健康状况的变化、评价个体和群体健康损害的依据，其特征是资料的完整性、连续性。

劳动者职业健康监护档案包括：

1）劳动者职业史、既往史和职业病危害接触史。

2）职业健康检查结果及处理情况。

3）职业病诊疗等健康资料。

（2）用人单位职业健康监护档案及其管理

用人单位职业健康监护档案包括：

1）用人单位职业卫生管理组织组成、职责。

2）职业健康监护制度和年度职业健康监护计划。

3）历次职业健康检查的文书，包括委托协议书、职业健康检查机构的健康检查总结报告和评价报告。

4）工作场所职业病危害因素监测结果。

5）职业病诊断证明书和职业病报告卡。

6）用人单位对职业病患者、患有职业禁忌证者和已出现职业相关健康损害劳动者的处理和安置记录。

7）用人单位在职业健康监护中提供的其他资料和职业健康检查机构记录整理的相关资料。

8）卫生行政部门要求的其他资料。

（3）用人单位职业健康监护档案管理

1）用人单位应当依法建立职业健康监护档案，并按规定妥善保存。劳动者或劳动者委托代理人有权查阅劳动者个人的职业健康监护档案，用人单位不得拒绝或者提供虚假档案材料。劳动者离开用人单位时，有权索取本人职业健康监护档案复印件，用人单位应当如实、无偿提供，并在所提供的复印件上签章。

2）职业健康监护档案应有专人管理，管理人员应保证档案只能用于保护劳动者健康的目的，并保证档案的保密性。

39. 生产性粉尘如何影响职工安全健康?

粉尘的不同特性可对人体引起以下各种不同的损害:

(1)爆炸性粉尘在一定条件下遇明火会爆炸,造成人员伤亡、财产损失。

(2)可溶性有毒粉尘进入呼吸道后,能很快被吸收并溶入血液,引起中毒。

(3)放射性粉尘可造成放射性损伤;某些硬质粉尘可损伤眼角膜及眼结膜,引起角膜浑浊和结膜炎等。

(4)粉尘堵塞皮脂腺和机械性刺激皮肤时,可引起粉刺、毛囊炎、脓皮病及皮肤皲裂等。

(5)粉尘进入外耳道混在皮脂中,可形成耳垢等。

粉尘对人体呼吸系统的损害最大，会造成包括上呼吸道炎症、肺炎（如锰尘）、肺肉芽肿（如铍尘）、肺癌（如石棉尘、砷尘）、尘肺（如二氧化硅等粉尘）以及其他职业性肺部疾病等。

知识学习

人体具有很强的保护防御功能，可以通过各种清除功能，将进入肺部的绝大部分粉尘排出体外。但长期吸入高浓度粉尘，吸入的粉尘量超过人体正常的防御功能时，就会引起一系列危害反应，其中危害最严重的是尘肺。

40. 生产性粉尘危害的防护原则是什么？

粉尘环境作业的劳动防护管理应采取三级预防原则：

（1）一级预防

一级预防措施主要包括：综合防尘；尽可能采用不含或含游离二氧化硅低的材料代替含游离二氧化硅高的材料；在工艺要求许可的条件下，尽可能采用湿式作业；使用个人防尘用品，做好劳动防护。

对作业环境的粉尘浓度实施定期检测，使作业环境的粉尘浓度达到国家标准规定的允许范围。

根据国家有关规定，对职工进行上岗前健康检查，对患有职业禁忌证的职工、未成年人、女职工，不得安排其从事禁忌范围内的工作。

加强宣传教育，普及防尘的基本知识。

对除尘系统必须加强维护和管理，使除尘系统处于完好、有效的状态。

（2）二级预防

二级预防措施主要包括：建立专人负责的防尘机构，制定防尘规划和各项规章制度；对新从事粉尘作业的职工，必须进行上岗前健康检查；对在职的从事粉尘作业的职工，必须定期进行健康检查，发现不宜从事接尘工作的职工，要及时调整工作岗位。

（3）三级预防

三级预防措施主要包括：对已确诊为尘肺病的职工，应及时调离原工作岗位，安排合理的治疗或疗养，并依法为其办理工伤保险待遇。

相关链接

《职业病防治法》规定：职业病防治工作坚持预防为主、防治结合的方针，建立用人单位负责、行政机关监管、行业自律、职工参与和社会监督的机制，实行分类管理、综合治理。

41. 生产性粉尘综合治理的“八字方针”是什么?

综合防尘措施可概括为八个字，即“革、水、密、风、管、教、护、检”。

“革”：工艺改革。以低粉尘、无粉尘物料代替高粉尘物料，以不产尘设备、低产尘设备代替高产尘设备，这是减少或消除粉尘污染的根本措施。

“水”：湿式作业可以有效地防止粉尘飞扬。例如，矿山开采的湿式凿岩、铸造业的湿砂造型等。

“密”：密闭尘源。使用密闭的生产设备或者将敞口设备改成密闭设备，这是防止和减少粉尘外逸、治理作业场所空气污染的重要措施。

“风”：通风排尘。受生产条件限制，当设备无法密闭或密闭后仍有粉尘外逸时，要采取通风措施，将产尘点的含尘气体直接抽走，确保作业场所空气中的粉尘浓度符合卫生标准。

“管”：企业要重视防尘工作，防尘设施要完善，维护管理要加强，确保设备良好、高效地运行。

“教”：加强防尘工作的宣传教育，普及防尘知识，使接尘者对粉尘危害有充分的了解和认识。

“护”：受生产条件限制，在粉尘无法控制或高浓度粉尘环境下作业，必须合理、正确地使用防尘口罩、防尘服等劳动防护用品。

“检”：定期对接尘人员进行体检；对从事特殊作业的人员发放保健津贴；有职业禁忌证的人员，不得从事接尘作业。

相关链接

有下列疾病者不宜从事接尘作业：活动性结核病、严重的上呼吸道和支气管疾病、显著影响肺功能的肺或胸膜病变、严重的心血管疾病。

42. 生产性粉尘浓度如何监测?

要控制作业场所的粉尘浓度，使之符合卫生标准要求，首先必须获得现场粉尘污染的第一手资料，如作业场所空气中的粉尘浓度、粉尘中游离二氧化硅含量及粉尘的分散度等基本情况。这些资料是粉尘监测工作的主要内容，同时也是工伤预防工作的需要。一方面，粉尘监测是评价防尘措施效果好坏的依据；另一方面，因某些粉尘具有爆炸性，当其在空气中达到一定浓度时，遇到明火就可能发生爆炸。准确的作业现场粉尘监测是防尘工作的一个重要组成部分，是做好作业场所环境卫生学评价和搞好工伤预防工作不可缺少的环节。作业场所粉尘监测有以下几种：

（1）评价监测

评价监测适用于建设项目职业病危害因素预评价、建设项目职业病危害因素控制效果评价和职业病危害因素现状评价等。

（2）日常监测

日常监测适用于对作业场所空气中有害物质浓度进行的日常监测。

（3）监督监测

监督监测适用于职业卫生监督管理部门对用人单位作业场所空气中有害物质浓度进行的监测。

（4）事故性监测

事故性监测适用于当作业场所发生职业危害事故时，进行的紧急采样监测。

相关链接

在评价职业接触限值为时间加权平均容许浓度时，应选定有代表性的采样点，在空气中有害物质浓度最高的工作日采样1个工作班。

43. 生产性粉尘监测采样点如何选择?

生产性粉尘监测采样点的选择应注意以下几个方面的注意事项:

（1）选择有代表性的工作地点，其中应包括空气中有害物质浓度最高、劳动者接触时间最长的作业地点。

（2）在不影响劳动者工作的情况下，采样点应尽可能靠近劳动者；空气收集器应尽量接近劳动者工作时的呼吸地带。

（3）在评价作业场所防护设备或措施的防护效果时，应根据设备的情况选定采样点，在劳动者工作时的呼吸地带进行采样。

（4）采样点应设在作业地点的下风向，远离排气口和可能产生空气涡流的地点。

（5）作业场所按产品的生产工艺流程，凡逸散或存在有害物

质的工作地点，至少应设置 1 个采样点。

（6）当劳动者工作是流动的时候，在流动的范围内，一般每隔 10 米设置 1 个采样点。

相关链接

采样时段应按如下情况确定：

（1）采样必须在正常工作状态和环境下进行，避免人为因素的影响。

（2）在空气中有害物质浓度随季节发生变化的作业场所，应将空气中有害物质浓度最高的季节选择为重点采样季节。

（3）在工作周内，应将空气中有害物质浓度最高的工作日选择为重点采样日。

（4）在工作日内，应将空气中有害物质浓度最高的时段选择为重点采样时段。

44. 常用的防尘技术有哪些？

在生产性粉尘防治工作中，经常使用的综合性防尘技术主要有选择合理的生产布局、物料预先湿润黏结、湿式作业、喷雾降尘、磁水降尘、高压静电控尘、化学降尘等。

（1）选择合理的生产布局

在选择厂房位置时，应考虑自然条件对企业生产的影响以及企业和周边区域的相互影响，厂区总平面布置注意功能分区的划分，满足基本卫生要求；在安排产尘工序位置时，要以防止或减少粉尘对其他工序以及生产环境污染为原则。

（2）物料预先湿润黏结

物料预先湿润黏结是指在破碎、研磨、转载、运输等产尘工序前，预先对产尘的物料进行液体湿润，使产生的粉尘提前失去飞扬能力，预防悬浮粉尘的产生。目前主要使用在矿山、隧道施工、电厂、工业厂房、道路建设行业。

（3）湿式作业

湿式作业是指向破碎、研磨、筛分等产尘的生产作业点送水，以减少悬浮粉尘的产生。在各个行业的生产中，湿式作业得到广泛的应用，如物料的装卸、破碎、筛分、输送，石棉纺线、铸件清砂、工件表面加工、陶瓷器生产等均可采用湿式作业。

（4）喷雾降尘

喷雾降尘是指液体在一定的压力作用下，通过喷雾器的微孔喷出形成雾状水滴并与空气中浮游粉尘接触而捕捉沉降的方法。通过喷雾方式将液体形成液滴、液膜、气泡等形式的液体捕集体，并与粉尘接触，使得液体捕集体和粉尘之间产生惯性碰撞、截留、布朗扩散、凝集、静电及重力沉降等作用，将粉尘从含尘气流中分离出来。

（5）磁水降尘

水经磁化处理后，受磁场作用，水分子缔合体分解，水的导电率和黏度降低，水分子之间的电性吸引力减小，具有了较强的活性。这样，既降低了水的表面张力，使得其与粉尘表面的相互吸引力增加，更容易吸附在粉尘表面，增加了粉尘的湿润性；又可使水的晶构变短，使水珠变细变小，提高了水的雾化程度，从而提高了降尘效果。

（6）高压静电控尘

高压静电控尘是指高压静电控制产生的悬浮粉尘，把扬起的粉尘就地控制在尘源附近。该方法把静电除尘的基本原理和尘源控制方法结合起来，既可以用于开放性尘源，也可用于封闭性尘源，主要用来治理振动筛、破碎机、运输机转载点、皮毛刮软机、皮毛裁制工作地点等尘源的粉尘。

（7）化学降尘

化学降尘是指采用化学的方法来减少浮游粉尘的产生，以提高其降尘效果。能显著降低溶剂（一般为水）表面张力和液－液界面张力的物质称为表面活性剂，是化学降尘的核心物质。化学降尘的方法主要有湿润剂降尘、泡沫降尘、化学抑尘剂保湿黏结粉尘。

知识学习

粉尘凝聚是指细小颗粒粉尘尘粒互相结合成新的大尘粒的现象，粉尘附着是指尘粒和其他物质结合的现象。

粉尘的悬浮性是指粉尘可在空气中长时间悬浮的特性。粉尘粒径越小，质量越轻，粉尘比表面积越大，吸附空气能力越强，从而形成一层空气膜使粉尘不易沉降，可以长时间悬浮在空气中。

粉尘的湿润性是指粉尘与液体亲和的能力，与粉尘的形状和大小有关，球形颗粒的粉尘湿润性要比形状不规则的粉尘差；粉尘越细，亲水能力越差。

45. 常用的除尘装置有哪些？

在生产性粉尘的防治工作中，经常用到的除尘装置主要有机械式除尘装置、湿式除尘装置、电除尘装置、过滤式除尘装置等。

（1）机械式除尘装置

机械式除尘装置是指利用重力、惯性及离心力等作用将粉尘与气体分离的设备，主要类型有重力除尘装置、惯性除尘装置及旋风除尘装置。

1）重力除尘装置。重力除尘装置又称重力沉降室，它是利用尘粒与气体的密度不同，通过重力作用使尘粒从气流中自然沉降分离的除尘装置。根据含尘气流在除尘装置内的运动状态，重力除尘装置可分为水平气流沉降室和垂直气流沉降室两种。

2）惯性除尘装置。惯性除尘装置是通过采取改变气流方向使得含尘气流急剧地改变方向，借助其中粉尘粒子的惯性作用使其与气流分离并被捕集的一种装置。惯性除尘装置分为冲击式和回转式两种。

3）旋风除尘装置。旋风除尘装置一般由筒体、锥体、排气管及集尘室等组成，根据含尘气流入口方式的不同，又可分为切向旋流反转式与轴流式两种。

（2）湿式除尘装置

湿式除尘装置是通过液体捕集体与含尘气体接触的方式将粉尘从含尘气流中分离出来的装置，也称洗涤式除尘装置。湿式除尘装置除尘原理及影响除尘效率主要因素与湿式降尘基本相同，具体装置有以下几种：

1）喷淋除尘装置。喷淋除尘装置又称喷淋塔或洗涤塔，是一种最简单的湿式除尘装置，按尘粒和水滴流动方式可分为逆流式、并流式和横流式。

2）冲击式除尘装置。冲击式除尘装置是在其内储有一定量的水，将具有一定动能的含尘气体直接冲击到液体之中，激起大量水滴和水雾，使尘粒从气流中分离的一种除尘设备。

3）湿式旋风除尘装置。常用的湿式旋风除尘装置有旋风水膜除尘装置和中心喷雾旋风除尘装置。

①旋风水膜除尘装置。旋风水膜除尘装置一般可分为立式旋风水膜除尘装置和卧式旋风水膜除尘装置两类。

②中心喷雾旋风除尘装置。含尘气流从除尘装置下部以切线方向进入，同时水通过轴向安装的多头喷嘴喷入，通过喷雾多孔管喷出形成水雾，由于尘粒在离心力的作用下被甩向器壁，因此水滴与尘粒发生碰撞作用并且器壁水膜对尘粒会产生吸附，从而达到除去尘粒的目的。

4）文丘里湿式除尘装置。文丘里湿式除尘装置是一种高效湿式洗涤器，可分为喷雾式和射流自吸式两种类型。二者的区别为，一是前者由机械式通风机供风，后者利用水气射流通风器的原理通过压力水的喷射自行吸风；二是前者喷嘴的作用以喷雾为主，后者喷嘴的作用以射流吸风为主。

5）填料式除尘装置。填料式除尘装置一般分为固定床和流动床两种类型，由于固定床填料塔净化粉尘时很容易堵塞，所以工程上一般较少使用。

6）泡沫除尘装置。泡沫除尘装置又称泡沫洗涤器，简称泡沫塔，一般分为无溢流泡沫除尘装置和有溢流泡沫除尘装置两类。泡沫除尘装置一般会在塔体内布置一些带孔的筛板，将液体从塔顶引入，使筛板上持有一定的液层，再将含尘气体从塔底导入，当气流通过筛板时，筛板上会形成大量气泡（泡沫层），气泡通过与含尘气体的碰撞和扩散捕集含尘气体中的粉尘。

（3）电除尘装置

电除尘装置是利用静电力（库仑力）实现粒子（固体或液体粒子）与气流分离沉降的一种除尘装置。电除尘装置利用静电力直接作用在粒子上，因此，分离尘粒所消耗的能量较小、压力损失也较小。由于作用在粒子上的静电力相对较大，所以即使对亚微米级的粒子也能有效地进行捕集。电除尘装置可以细分为以下类型：

1）按粒子荷电段和分离段的空间布置不同，可分为单区式和双区式电除尘装置。

2）按集尘极的形式可分为管式和板式电除尘装置。

3）按气流流动方向不同，可分为卧式和立式电除尘装置。

4）按清灰方式不同，可分为干式和湿式电除尘装置。

（4）过滤式除尘装置

过滤式除尘装置是使含尘气流通过过滤材料（简称滤料）将粉尘过滤分离捕集的装置，按照过滤材料的形状及其性质，可分为袋式除尘装置、颗粒层除尘装置和陶瓷微管除尘装置三类。

1）袋式除尘装置。袋式除尘装置利用纤维编织物制成的滤袋作为滤料，常用滤料按材质可分为天然纤维滤料、合成纤维滤料、无机纤维滤料及毛毡滤料四种。

2）颗粒层除尘装置。颗粒层除尘装置是利用颗粒状物料（如硅石、砾石、焦炭等）作为过滤层的一种内滤式除尘装置。

3）陶瓷微管除尘装置。陶瓷微管除尘装置核心部分为陶瓷质微孔滤管。

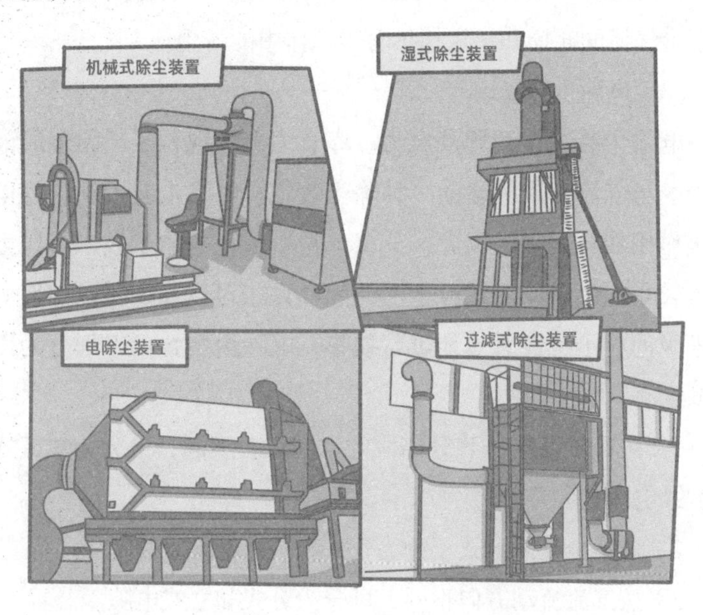

知识学习

粉尘的荷电性是指粉尘可带电荷的特性，电除尘就是利用此特性来除尘的。尘粒在其产生和运动过程中，天然辐射、空气的电离、尘粒之间的碰撞与摩擦等作用都可能使尘粒获得正电荷或负电荷。如非金属和酸性氧化物粉尘常带正电荷，金属和碱性氧化物粉尘常带负电荷。

46. 如何选择除尘装置?

除尘装置在选择时要考虑的因素很多，但在实际应用中，主要是要根据处理风量、粉尘浓度、排放标准、除尘装置的技术和经济性能、粉尘的性质、含尘气体的特性以及使用单位的情况等来进行选择，具体应注意以下六个方面：

（1）明确用途，了解排放标准

在通风除尘系统中设置除尘装置的目的主要是为了保证排至大气的气体含尘浓度能够达到排放标准的要求。因此排放标准是选择除尘装置的重要依据。要根据限制粉尘排放浓度的法律、法规、标准或生产技术上的要求以及除尘装置入口含尘浓度，计算出需要达到的除尘效率，选择适当的除尘装置。

（2）熟悉除尘装置的性能

除尘装置的性能包括技术性能和经济性能，主要表现在其除尘效率、压力损失、一次投资、运行维护费等方面，是选择除尘装置的主要依据。因此，在选择除尘装置时，必须熟悉各类除尘装置的主要性能指标。

（3）考虑气体含尘浓度和处理风量

处理含尘浓度高的气体时，应对含尘气体进行预净化，宜采用多级式除尘系统。要根据所处理的含尘气体流量的大小，选择具有相应处理能力的除尘装置，以保证良好的除尘效果。另外，对于运行工况不太稳定的系统，要注意风量变化对除尘装置效率和阻力的影响。例如，旋风除尘装置的效率和阻力是随风量的增加而增加的，电除尘装置的效率却是随风量的增加而下降的。

（4）考虑含尘气体性质

选择除尘装置时，必须考虑含尘气体的性质如温度、湿度、可燃性、成分等。对于高温、高湿的气体不宜采用袋式除尘装置，如果粉尘的粒径小等不适宜电除尘，又要求干法除尘时，可以考虑采用颗粒层除尘装置；如果处理的是可燃气体或爆炸性气体，则电除尘装置是不适用的；如果含尘气体有气态氟化物，则不能用玻璃纤维织物做高温过滤；如果气体中同时含有有害气体（如二氧化硫、一氧化氮等），可以考虑采用湿式除尘，但是必须注意腐蚀问题。

（5）考虑粉尘性质

例如，黏性大的粉尘容易黏结在除尘装置表面，不宜采用干法除尘；比电阻过大或过小的粉尘，不宜采用静电除尘；水硬性（如水泥等）或疏水性（如石墨等）粉尘不宜采用湿法除尘；如果粉尘具有爆炸性，除尘装置必须有防止静电荷积聚措施；密度较大的粉尘，可选用旋风或重力沉降室；工业炉窑高温烟尘的治理，可选用陶瓷质微孔管过滤式除尘装置。

（6）符合实际

除尘装置的选择还要考虑使用单位的资金、技术力量、场地条件等情况。对于资金缺乏、技术力量薄弱的企业，不适宜选用投资大，技术要求高的除尘装置；场地狭小的企业则不能采用占用空间大的除尘装置（如静电除尘装置等）。对于没有压缩空气源的作业场所，宁可选用没有振打机构的简易袋式除尘装置，也不要轻易选用脉冲振动清灰袋式除尘装置。

知识学习

粉尘的真密度是指单位实际体积粉尘的质量，假密度是指粉尘呈自然扩散状态时一定容积中粉尘的质量。

粉尘浓度是指一定体积空气中所含浮尘的数量或质量，其大小直接影响着粉尘危害的严重程度，是衡量作业环境的劳动卫生状况和评价防尘技术效果的重要指标。

粉尘分散度又称粒度分布，指的是在不同粒径范围内粉尘所含的个数或质量占总粉尘的百分比。

47. 清除落尘的方法有哪些？

清除落尘可以有效防治粉尘再次飞扬污染，直接减少作业场所粉尘危害，主要方法包括冲洗落尘、清扫落尘、真空吸尘等。

（1）冲洗落尘

冲洗落尘是指用带有一定压力的水流将沉积在产尘作业点及

其下风侧的地面或有限空间四周的粉尘冲洗到有一定坡度的排水沟中，然后通过排水沟将粉尘集中到指定地点处理。冲洗落尘清除效果好，既简单又经济，因此，在隧道、地下铁道、地下巷道、露天矿山及地面厂房等很多地点均采用此法清除沉积粉尘。为了做好冲洗落尘，应注意如下几点：

1）供水方法分为供水管路系统供水和洒水车供水两种方式，具体采取哪一种，应根据技术可行、经济合理的原则确定。

2）在厂房水冲洗中，地面和各层平台均应考虑防水，应有不少于 1% 的坡度朝向排水沟，各层平台上的孔洞要设防水台。

3）采用供水管路系统供水时，冲洗供水管路的设置要保证能将水冲洗到所有能产生或沉积粉尘的地点，冲洗供水管路也可与消防供水系统合用。

4）对禁止水湿的设备应设置外罩，所有金属构件均应涂刷防锈漆。北方地区应设采暖设备，建筑物外围结构内表面温度应保持在 0 ℃以上。

5）冲洗周期根据现场的产尘、积尘强度等具体情况确定，保证及时清除积尘。

（2）清扫落尘

清扫落尘是指人工或使用简单的清扫设备将沉积的粉尘清扫集中起来，然后运到指定地点。这种方法不需要配备复杂的设备设施，投资少，但清扫工作本身会扬起部分粉尘，积尘范围大时要消耗大量的人力。为了做好清扫落尘，厂房设计应注意以下几点：

1）对接触粉尘和加工粉尘设备的场所应尽可能减小空间体积，以便于提高清扫效率。

2）车间墙的内表面应光滑，建筑构件中的接合点应仔细抹平、涂刷光滑，不应存留可沉积和堆积粉尘的空穴。

3）在可能从设备中泄出粉尘的车间中，不应存在可能在其上沉积粉尘的突出建筑结构。如由于生产要求而必须采用这类建筑物构件时，突出部分与水平面的倾角不应大于60°。

4）装粉状物料的筒仓和料仓，宜用钢筋混凝土或金属制成，仓壁和出料斗的内壁应光滑，并装设专门装置以防止粉状物料堵住和结拱。筒仓和料仓的结构应采用溜管卸料，墙与墙之间的夹角应圆滑。

（3）真空吸尘

真空吸尘是指依靠通风机或真空泵的吸力，用吸嘴将积尘（连同运载粉尘的气体）吸进吸尘装置，经除尘器净化后排到室外大气或回到车间空气中。

相关链接

真空吸尘装置主要有集中式和移动式两种。集中式适用于清扫面积较大、积尘量大的地面厂房，它运行可靠，只需少数人员操作。目前使用较多的移动式真空清扫机是一种整体设备，由吸嘴、软管、除尘器、高压离心式鼓风机或真空泵等部分组成。它主要适用于积尘量不大的场合，使用起来比较灵活，例如地面、墙壁、操作平台、地坑、沟槽、灰斗、料仓和机器下方许多难以清扫的角落，并能有效地吸除散落的金属或非金属碎块、碎屑和各种粉尘，主要包括移动式清扫器、真空清扫器、大型真空清扫车等多种类型。

48. 破碎或粉碎物料预先湿润法的操作要点有哪些?

（1）破碎或粉碎物料预先湿润法在很大程度上受到工艺的限制，应在工艺允许的范围内进行，但工艺亦应为预先湿润创造条件，以获得更好的防尘效果。

（2）物料的最终含水量应根据生产工艺最大允许含水量和除尘最佳含水量等因素决定。

（3）用于物料湿润的喷嘴，一般采用简单的不易堵塞的丁字形多孔眼喷水管和鸭嘴形喷水管。丁字形喷水管适用于固定加水

点，喷水管的长度、孔眼的数量和直径可根据加水宽度和用水量决定；鸭嘴形喷水管可用软胶管连接，能够移动湿润物料。

（4）为了均匀湿润物料，应保证喷水管前水压不小于 2 兆帕。加水点应设置在翻动物料和产生新的干燥物料的地方，如原料仓库的料堆、物料装卸点、碎料转运点、破碎机前后等。

相关链接

生产用主要物料的最初和最终含水量（质量分数）如下：

（1）金属矿石：4%~6%。

（2）石灰石：3%~6%。

（3）白云石：4%~6%。

（4）煤：8%~12%。

（5）石英：4%~6%。

（6）富矿石：8%~10%。

（7）烧结混合物：8%~10%。

（8）铸造用砂：4%~6%。

（9）焦炭：8%~12%。

49. 矿山除尘中煤体预先湿润的方法有哪些？

按照液体进入煤体的方法，预先湿润可分为煤体注水和煤体灌水。根据现场测定，煤体预先湿润的降尘效果一般在 50%~90%。

（1）煤体注水

煤体注水是在煤层被掘进巷道切割后，通过打钻孔的办法用压力水湿润尚未开采的煤体，使其在开采过程中减少产生粉尘。

1）注水方式。根据供水压力的高低，分为高压注水（水压 > 10 兆帕）、中压注水（水压为 2.5~10 兆帕）、低压注水（水压 < 2.5 兆帕）；根据水的加压方式，可分为静压注水和动压注水，静压注水是直接利用水的重力作用将比注水点高的水源注入煤体，动压注水是通过注水泵或风包加压将水源的水加压后注入煤体。根据煤层钻孔的位置、长度和方向不同，煤体注水又有长孔注水、短孔注水、深孔及中孔注水、巷道钻孔注水等方式。

2）注水工艺。注水工艺通常包括钻孔、注水、封孔。短孔注水一般采用爆破采煤的打眼工具——煤电钻和可接长的麻花钻杆钻孔，长孔注水、深孔注水及巷道钻孔注水一般采用钻机钻孔。目前封孔方法主要有两种：一是水泥砂浆封孔，二是封孔器封孔。水泥砂浆封孔是指将一定比例的水泥和砂浆混合并送入钻孔孔口，填塞注水管与钻孔的间隙，待凝固后再注水。封孔器封孔是将封孔器与注水钢管连接起来送至封孔位置，水流从封孔器前端的喷嘴流出进入钻孔。

（2）煤体灌水

灌水预湿煤体主要用在煤层分层开采中，在上分层开采完毕后将水灌入采空区或巷道中，水依靠自重，通过煤体的裂隙，缓慢渗入下分层，使之预先湿润，以减少开采时煤尘的产生量。灌水方法可分为倾斜分层超前钻孔采空区灌水、水平分层采空区灌水、采空区埋管灌水、工作面回风巷水窝灌水等。

50. 湿式作业的分类有哪些?

（1）水力清砂

水力清砂是指在铸造等工艺中，利用高压水泵和水枪将水高速喷射到铸件表面，清洗剥离掉黏附的型砂，型砂与水一起经地沟流入砂水池，再经脱水烘干后回收使用。

（2）磨液喷砂

磨液喷砂主要用在机器制造工业的清理或光饰工件表面加工中。磨液由掺有缓蚀脱脂剂的清水和适当粒度的磨料（如石英砂、碳化硅等）按一定比例混合而成，工作时，利用磨液泵、水枪、喷嘴将磨液高速喷射在工件表面，然后再回收到储液箱中循环使用。

（3）湿式钻孔

湿式钻孔是指采用湿式钻孔机具，将具有一定压力的水送到钻孔机具的孔底，用水湿润和冲洗打眼过程中产生的粉尘，使粉尘变成尘浆流出孔口，从而达到抑制粉尘飞扬、减少空气中粉尘浓度的目的。在实际中，施工放炮炮眼的钻孔机具被称为打眼机具。

（4）水封爆破

水封爆破是指在打好炮眼以后，首先注入一定量的压力水，水会沿矿物质节理、裂隙进行渗透，当矿物质被湿润到一定的程度后，将炸药填入炮眼，然后插入封孔器，封孔后在具有一定压力的情况下进行爆破。

（5）水炮泥

水炮泥就是将难燃、无毒、有一定强度的盛水塑料袋代替黏土炮泥填入炮眼内，起到爆破封孔的作用。水袋封口是关键，目前多使用的自动封口塑料水袋在装满水后，袋口会自行封闭，爆破时水袋也随即破裂，水在高温高压下汽化，与尘粒凝结，达到降尘的目的。

（6）湿式喷射混凝土

湿式喷射混凝土也称湿式喷浆，是指将一定配比的水泥、砂子、石子用一定量的水预先拌和好（水灰比 0.4 左右），然后将湿料缓缓不断送入喷浆机料斗进行喷浆作业。由于在混合料中预加水搅拌，水泥水化作用充分，而且水泥被吸附在砂石表面结成大颗粒，使水泥失去浮游作用，因此大幅度抑制了粉尘的扩散。

相关链接

按湿式打眼机具的动力不同，湿式打眼机具可分为湿式电钻和湿式风动打眼机具。

51. 石英砂和石棉作业环境如何进行湿式作业?

（1）石英砂湿法生产工艺是由破碎、筛分、脱水沉淀等工序所组成。大块石英石运至料场后，由皮带输送机送至储料斗，皮带输送机上部装有喷水器，可以将石块上夹带的泥质杂质冲洗干净；石块经储料斗进入颚式破碎机进行粗破碎，破碎机上装有喷水管，进行喷水湿润石英石；破碎后的小块石英石经斗式提升机送入轮碾机进行细粉碎，在粉碎过程中应加入一定量的水，使水与砂两者达到合理的质量比（水砂比）。

（2）石棉湿法纺线是采用化学的方法将石棉绒均匀地分散入浆液中，并使之成胶体状，经过浸泡、打浆、成膜等工序后形成皱纹纸状的石棉薄膜，再将石棉薄膜纺成线，最后编织成各种石棉纺织制品。湿法纺线不但简化了工艺流程，而且从根本上消除了粉尘的危害，并且不需要通风防尘设备，节省了通风能耗。这种工艺还可以充分利用短石棉纤维，不需要添加棉花。由于不添加棉花，所以产品的耐热性能和强度均有所提高。

52. 喷雾降尘的主要影响因素有哪些？

（1）粉尘的湿润性与密度

湿润性好的粉尘，亲水粒子很容易通过液体捕集体，碰撞、截留、扩散及凝聚效率高；湿润性差的粉尘与液体接触碰撞时，能产生反弹现象，碰撞、截留、扩散及凝聚效率低，降尘效率低。因此，对于难湿润的粉尘，应在液体中添加湿润剂以降低其表面张力，提高降尘效率。粉尘密度越大，碰撞效率越高，粉尘越易沉降，降尘效率也越高。

（2）喷雾作用范围与质量

雾体作用范围是指喷出的喷雾体所占的空间。雾体作用长度、有效射程和扩散角越大，喷雾作用范围越大，降尘效果越好。

喷雾质量主要指雾滴粒径、雾滴密度及雾滴分布。液滴粒径是影响捕尘效率的重要因素，在水量相同情况下，液滴越细，液滴数量越多，比表面积加大，接触尘粒机会就多，产生碰撞、截留、扩散及凝聚效率也高；但如果液滴直径过小，液滴容易随气流一起运动，减小了粉尘与液体捕集体的相对速度，降低了碰撞效率，且在沉降过程中容易蒸发。

（3）液体供给相关参数

液体供给相关参数包括压力、流量、水质、黏度等，与喷雾作用范围和质量密切相关。液体提供压力越大，雾体衰减慢，同一位置雾滴运动速度越快、单位体积的雾滴数量越大、雾体分布越好。液滴粒径相同的情况下，供水流量越大，液滴数量越多，接触尘粒机会增多，产生碰撞、截留、扩散及凝聚效率升高，降尘效率也随之提高。水质与水中悬浮物含量、悬浮物粒径和 pH 有关。水质差、悬浮物含量多、悬浮物粒径大，容易造成喷嘴堵塞，降低喷雾作用范围与质量；pH 太大或太小将影响作业环境、腐蚀喷嘴。液体黏度越大，液体越不易产生细小颗粒液滴，降尘效率也越差。

（4）喷雾器型式与安装方式

目前用于降尘的喷雾器型式较多，产生的雾体作用长度、有效射程和扩散角不同，其雾滴粒径、雾滴密度及雾滴分布也不同，降尘效果也不相同。比如，采用空气参与雾化作用越多的喷雾器，其雾滴粒径越细，雾滴密度越大，雾滴分布越均匀，喷雾质量越好，降尘效果越显著。

压力水从喷孔喷出后，距离越远，雾粒越分散、雾滴运动速度越慢、单位体积的雾滴数量越少，降尘效果越差；但如果产尘点距喷雾出口太近，则喷雾作用范围小。因此，喷雾器与产尘点的距离应根据现场实际确定，一般来说，直接喷向产尘点喷雾降尘的合理距离为 1.5~2.5 米。

（5）粉尘与液体捕集体的相对速度

粉尘与液体捕集体的相对速度越大，互相冲击能量越大，碰撞、凝聚效率就越高，同时，有利于克服液体表面张力而被湿润捕获。

53. 化学降尘的分类有哪些？

（1）湿润剂降尘

润湿作用是一种界面现象，它是指凝聚态物体表面上的一种流体被另一种与其不相混溶的流体取代的过程，常见的润湿现象是固体表面被液体覆盖的过程。

湿润剂一般由表面活性剂和相关助剂复配而成。作为增加湿润作用的表面活性剂一般为阴离子表面活性剂，如高级脂肪酸盐、磺酸盐、硫酸醋盐、磷酸醋盐等。助剂的作用提高了湿润效果，常用助剂有硫酸钠、氯化钠等无机盐类。目前研制了很多种湿润剂，并用于煤体及破碎物料预先湿润黏结、湿式作业、喷雾等减尘降尘措施。

（2）泡沫降尘

泡沫降尘是利用表面活性剂的特点，使其与水一起通过泡沫发生器，产生大量的高倍数的泡沫，利用无空隙的泡沫体覆盖隔断尘源。泡沫降尘原理包括：拦截、黏附、湿润、沉降等，几乎可以捕集全部与其接触的粉尘，尤其对细微粉尘有更强的聚集能力。泡沫的产生有化学方法和物理方法两种，降尘的泡沫一般通过物理方法产生，属机械泡沫。

泡沫降尘效率主要取决于泡沫药剂的成分，泡沫药剂一般包

括起泡剂、稳定剂、增溶剂等表面活性剂（或称助剂）。

（3）化学抑尘剂保湿黏结粉尘

化学抑尘剂主要由表面活性剂和其他材料组成，化学抑尘剂保湿黏结粉尘是指将化学抑尘剂和水的混合物喷洒覆盖于原生粉尘或落尘上，使得原生粉尘或落尘保湿黏结，从而防止这些粉尘在外力作用下的飞扬，主要在处理地面道路运输、地下巷道的落尘或粉料中应用。按其主要作用原理，用于保湿黏结落尘的化学抑尘剂主要分为黏结型和固结型抑尘剂以及吸湿保湿型抑尘剂两种类型。

54. 生产性毒物按照存在形态分为哪几类？

生产性毒物在生产环境中有以下几种形态：

（1）固体

常温常压下呈固态的物质，如氰化钠、对硝基氯苯等。

（2）液体

常温常压下呈液态的物质，如苯、汽油等有机溶剂。

（3）气体

常温常压下呈气态的物质，如二氧化硫、氯气等。

（4）蒸气

固体升华、液体蒸发或挥发时可形成蒸气，如喷漆作业中的苯、汽油、醋酸酯类等物质的蒸气。

（5）粉尘

能较长时间悬浮在空气中的固体微粒称作粉尘，其粒子直径多为 0.1~10 微米。机械粉碎、碾磨固体物质，粉状原料、半成品或成品的混合、筛分、运送、包装等过程，都能产生大量粉尘，如炸药厂的三硝基甲苯粉尘等。

（6）烟（尘）

悬浮在空气中直径小于 0.1 微米的固体微粒。某些金属熔融时产生的蒸气在空气中迅速冷凝或氧化成烟，如熔炼铅所产生的铅烟、熔钢铸铜时产生的氧化锌烟等。

（7）雾

悬浮于空气中的液体微滴，多由于蒸气冷凝或液体喷洒形成，如喷洒农药时的药雾、喷漆时的漆雾等。

（8）气溶胶

悬浮在空气中的粉尘、烟及雾，统称为气溶胶。

相关链接

生产过程中形成或应用的各种对人体有害的化学物，称为生产性毒物。生产性毒物的分类方法很多，按其生物毒害作用可分为神经毒、血液毒、窒息性毒及刺激性毒等；按其化学性质可分为金属毒、有机毒、无机毒等；按其用途可分为农药、食品添加剂、有机溶剂、战争毒剂等。

55. 生产性毒物进入人体的途径有哪些?

生产性毒物进入人体的途径主要有三条:

（1）呼吸道

呼吸道是生产性毒物进入人体最常见、最主要的途径。凡是以气体、蒸气、粉尘、烟、雾形态存在的生产性毒物，在防护不当的情况下，均可经呼吸道侵入人体。人体的整个呼吸道均能吸收毒物。

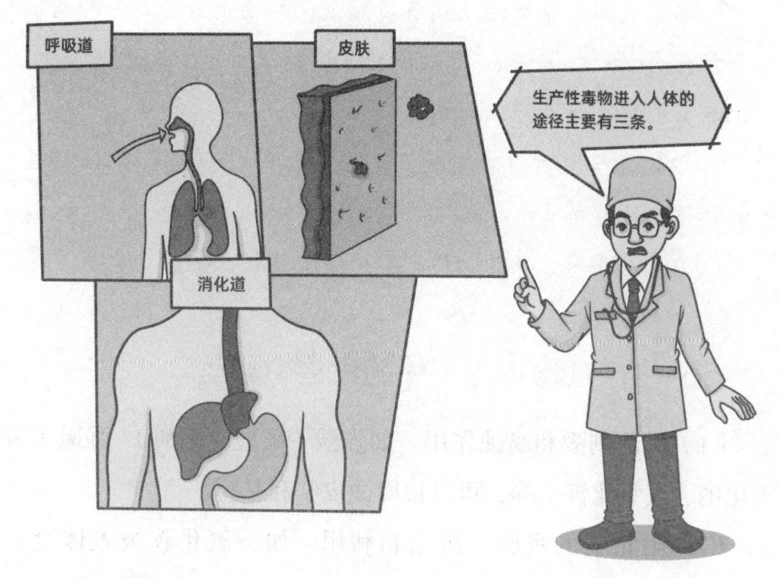

（2）皮肤

皮肤是某些毒物进入人体的途径之一，毒物可通过无损伤皮肤的毛孔、皮脂腺、汗腺进入血液。

（3）消化道

在生产环境中，单纯因消化道吸收毒物而引起中毒的概率较低，大多数情况下往往是由于作业人员手被毒物污染后，直接用其接触食物而造成毒物随食物进入消化道。如手工包装敌百虫等农药时，就可能引起毒物经消化道吸收。

相关链接

能经皮肤进入血液的毒物有三类：

（1）能溶于脂肪的物质及类脂质，主要是芳香族的硝基、氨基化合物、金属有机铅化合物等，苯、甲苯、二甲苯、氯化烃类、醇类等也可以被皮肤吸收一部分。

（2）能与皮肤中的脂酸根结合的物质，如汞及汞盐、砷的氧化物及盐类。

（3）具有腐蚀性的物质，如强酸、强碱、酚类及黄磷等。

56. 生产性毒物对人体的危害有哪些？

（1）局部刺激和腐蚀作用。如强酸（硫酸、硝酸）、强碱（氢氧化钠、氢氧化钾）等，可直接腐蚀皮肤和黏膜。

（2）阻止氧的吸收、运输和利用。如一氧化碳被人体吸入后会很快与血红蛋白结合，影响血红蛋白运送氧气；刺激性气体（如氯气）被吸入可形成肺水肿，妨碍肺泡的气体交换，使之不能吸收氧气；稀有气体或毒性较小的气体（如氮气、甲烷、二氧化碳）可以降低空气中的氧分压而造成窒息。

（3）改变机体的免疫功能。毒物干扰机体免疫功能，致使机体免疫功能低下，对某些疾病易感性增强。

（4）机体酶系统的活性受到抑制。

（5）“三致”，即致癌、致畸、致突变作用。

相关链接

化学物质的毒性程度，可分为四种：绝对毒性、相对毒性、有效毒性和急性毒作用。

57. 生产性毒物危害管理的要点有哪些？

用人单位进行生产性毒物危害管理应注意以下要点：

（1）杜绝跑、冒、滴、漏。

（2）安装通风排毒措施。

（3）配备防毒口罩、防毒面具、手套等劳动防护用品。

（4）严禁违法倾倒或排出有毒物质。

（5）根据毒物的毒性和防护措施等，为职工制定健康检查项目、周期，并配备必需的急救设备。

（6）组织职工进行安全生产教育，学习自救、互救知识。

（7）尽量消除或者替代毒物在生产中的接触机会。

（8）凡化学物品均须写明物品名、毒性级别，并放在特定的、醒目的位置，不得任意摆放。

相关链接

易产生酸碱灼伤的岗位需设洗眼器和淋浴器，并常备有弱酸、弱碱溶液，如3%硼酸液和5%碳酸氢钠溶液。

58. 生产性毒物引发的职业中毒有哪些类型?

由生产性毒物引起的全身性疾病，称为中毒；由工业上使用的化学毒物引起的中毒，称为职业中毒。

（1）根据毒发时间，职业中毒可分为以下三种类型：

1）急性中毒。急性中毒是指在人体经皮肤吸收或呼吸道吸入毒物后的短时间内（如几秒乃至数小时）出现的中毒现象；如经口时，则指一次的摄入量或一次服用剂量所引起的中毒。

2）慢性中毒。慢性中毒是指人体长时间吸入（经皮肤侵入或经口摄入）毒物而引起的中毒。

3）亚急性中毒。介于急性中毒与慢性中毒之间的中毒，称为亚急性中毒。

（2）按化学物质的种类、用途和毒作用，常见的职业中毒分为以下几类：

1）金属中毒。金属特别是重金属侵入人体后，达到一定浓度均可产生毒性作用。

2）刺激性气体中毒。氨、氯、二氧化硫、光气等气体会引起急性中毒，出现急性支气管炎、化学性肺炎和肺水肿等症状。

3）窒息性毒物中毒。一氧化碳、硫化氢、氰化物、二氧化碳等中毒，可引起缺氧而发生昏迷。

4）有机溶剂中毒。醇类、酯类、芳香烃等具有脂溶性、亲神经性，主要有麻醉作用。

5）苯的氨基、硝基化合物中毒。苯胺、硝基苯等可使血红蛋白氧化成高铁血红蛋白，由于高铁血红蛋白呈现青紫色并且不能携带氧，因此会引发人体发绀或出现缺氧症状。

6）杀虫剂等农药中毒。很多杀虫剂特别是有机杀虫剂，如有机磷杀虫剂、氨基甲酸酯等杀虫剂，主要作用于中枢神经系统，中毒可发生昏迷、抽搐。

相关链接

急性中毒和慢性中毒的发生，不仅与毒物的浓度（摄入量）有关系，还与对机体的作用部位有关系。如苯主要作用于中枢神经系统，会发生急性中毒；而作用在造血系统时，会发生慢性中毒。

急性中毒有以下几种发病规律：

（1）急性中毒可影响多人。

（2）急性中毒与毒物的理化性质有关。

（3）急性中毒与毒物的浓度有关。

59. 职业中毒的表现形式有哪些？

生产性毒物侵害人体不同的系统或器官，中毒者的表现也不同。

（1）神经系统

例如，慢性铅中毒的早期表现为头晕、失眠、记忆力减退、情绪不稳定、乏力等症状；急性汽油中毒的临床表现则是哭笑异常、易怒等；一氧化碳中毒后遗症为痴呆、严重记忆力减退等。

（2）呼吸系统

例如，刺激性气体（氯气、氮氧化物、二氧化硫等）中毒可引起咽炎、喉炎、气管炎、支气管炎等呼吸道病变，严重时可产生化学性肺炎、化学性肺水肿；汽油中毒可引起胸闷、剧咳、咳痰、咯血等；氮氧化物、有机磷农药中毒可引起明显的呼吸困难、发绀、剧咳；长期吸入砷和铬等可引起肺癌。

（3）血液系统

例如，铅中毒可引起低色素性贫血；苯、三硝基甲苯中毒可抑制骨髓造血功能，引起白细胞、血小板减少，甚至造成再生障碍性贫血；苯的氨基和硝基化合物、亚硝酸盐中毒可引起高铁血红蛋白血病。

（4）消化系统

例如，经口进入人体的汞盐、三氧化二砷所致的急性中毒，可引起恶心、呕吐等症状；铅、汞中毒时，可见牙釉质脱落；慢性铅中毒时，经常出现脐周或全腹剧烈的持续性或阵发性绞痛等症状；工业毒物中许多亲肝毒物，如黄磷、砷、四氯化碳、氯仿、氯乙烯和三硝基甲苯及其他苯的氨基、硝基化合物等中毒，均可引起急性或慢性肝损伤，其症状和体征与病毒性肝炎相似。

（5）泌尿系统

例如，铅、汞、镉、砷及砷化物、四氯化碳、乙二醇、苯酚等中毒均可引起肾损伤，但其致病机理各不相同；β－萘胺和联苯胺中毒可诱发膀胱癌。

（6）循环系统

窒息性气体和刺激性气体中毒可导致心肌缺氧；有机溶剂、有机磷农药中毒可引起心律不齐；慢性二硫化碳中毒可诱发冠心病的发生。

（7）生殖系统

工业毒物的生殖毒性表现为对接触者本人生殖器官、内分泌系统、性周期和性行为、生育能力、妊娠结果、分娩过程等方面的影响，还可引起胎儿畸形、发育迟缓、功能缺陷，甚至死亡等。

（8）皮肤

职业性皮肤病约占职业病总数的40%~50%，其致病涉及因素很多，其中化学因素占90%以上，例如化学灼伤、接触性皮炎、职业性痤疮、皮肤肿瘤等。

（9）眼部

腐蚀性强酸、强碱进入眼部可引起化学烧伤，常引起结膜、角膜的坏死、糜烂；三硝基甲苯、二硝基酚中毒可引起白内障；甲醇中毒可引起视神经炎、视网膜水肿、视神经萎缩，甚至失明等。

（10）发热

吸入锌、铜等金属烟后，可引起发热，称金属烟尘热。吸入聚四氟乙烯的热解物可产生聚合物烟尘热。

60. 刺激性气体的种类有哪些?

生产作用中，常见且易于接触的刺激性气体有如下几类：

（1）无机酸类

如硫酸、硝酸、盐酸等。

（2）成酸氧化物

如二氧化硫、三氧化硫、二氧化氮、铬酐等。

（3）成酸氢化物

如氟化氢、氯化氢、溴化氢、硫化氢等。

（4）成碱氢化物

如氨、氢化钾、氢化钠等。

（5）卤族元素

如氟、氯、溴、碘等。

（6）卤烃

如溴甲烷、二氯甲烷、二氯乙烷、二溴乙烷等。

（7）无机氯化物

如二氯化矾、三氯化磷、五氯化磷、三氯氧磷、三氯化砷、三氯化锑、光气、四氯化硅等。

（8）醇类

如氯乙醇、二氯乙醇等。

（9）醛类

如甲醛、乙醛、丙烯醛等。

（10）有机酸类

如甲酸、乙酸、丙烯酸、氯磺酸、苯二甲酸等。

（11）酯类

如甲酸甲酯、乙酸乙酯、硫酸二甲酯、甲苯二异氰酸酯等。

（12）醚类

如乙醚、二氯乙醚等。

（13）胺类

如乙二胺、丁胺、二乙烯三胺等。

（14）有机氟类

如有机氟塑料热解气、全氟异丁烯等。

（15）环氧化物

如环氧乙烷、环氧丙烷、环氧氯丙烷等。

（16）其他

如汽油、磷化氢等。

相关链接

刺激性气体大多是化学工业的重要原料、产品和副产品，多数具有腐蚀性。在生产过程中常因设备、管道被腐蚀而发生跑、冒、滴、漏现象，外溢的气体通过呼吸道进入人体可发生中毒事故。这种事故一旦发生，往往情况紧急，波及面广，危害较大。

61. 刺激性气体对人体的危害有哪些？

刺激性气体对人体的危害，临床上可分为急性中毒和慢性中毒。工业生产中以急性中毒较为常见。

（1）急性中毒

如眼及上呼吸道黏膜的刺激症状，喉部痉挛和水肿，化学性气管炎、支气管炎及肺炎，中毒性肺水肿，皮肤损害等，严重时可导致心、肾损害。

（2）慢性中毒

长期接触低浓度的刺激性气体，可发生慢性结肠炎、鼻炎、支气管炎、牙齿酸蚀症，并可伴有神经衰弱综合征及消化道症状。有些刺激性气体还有致敏作用，如氯、二异氰酸甲苯酯可引起支气管哮喘，甲醛可致过敏性皮炎等。

相关链接

刺激性气体主要对呼吸道黏膜和肺组织产生刺激和灼烧作用，并引起一系列病理变化。其中，化学性肺水肿会对呼吸功能产生严重的损伤，发生中毒后现场抢救应注意预防和治疗肺水肿，防止继发性感染。

62. 窒息性气体作用于人体的特点是什么？

窒息性气体是工农业生产中常见的有害气体，可分为单纯性气体和化学性气体两类。

单纯性气体（如氮气、甲烷、二氧化碳、水蒸气等）本身无毒性，但若它们在空气中含量高，会使氧的相对含量大大降低，进而导致人体动脉血氧分压下降，引起机体缺氧；化学性气

体（如一氧化碳、氰化物、硫化氢等）会使人体内氧的运送和组织用氧的功能发生障碍，造成全身组织缺氧。脑对缺氧最为敏感，所以窒息性气体中毒主要表现为中枢神经系统缺氧的一系列症状，如头晕、头痛、烦躁不安、定向力障碍、呕吐、嗜睡、昏迷、抽搐等。

知识学习

窒息性气体中毒临床表现以中枢神经系统缺氧症状为主，其治疗关键在于纠正缺氧，给予高压氧治疗。此外根据不同类型气体的致病性，宜选择相应的治疗物，如细胞色素 C、亚硝酸钠–硫代硫酸钠、美蓝等。

63. 窒息性气体危害如何预防?

用人单位可以重点从以下几个方面着手预防窒息性气体危害：

（1）经常测定作业环境中窒息性气体浓度，维修管道防止漏气。

（2）产生窒息性气体的生产过程要密封并有通风设施。

（3）在较危险的区域安装自动报警仪。

（4）凡进入危险区工作的工作人员必须戴防毒面具，操作后应立即离开，并适当休息。

（5）作业时最好有多人同时工作，便于发生意外时进行自救、互救。

（6）加强安全教育，积极普及预防窒息性气体中毒和急救知识。

（7）当发现有人中毒时，应立即将其移到空气流通处，并注意给中毒者保暖，同时尽快将其送到医院抢救。

知识学习

凡有明显神经系统疾病、心血管系统疾病、严重贫血者，妊娠妇女、未成年人和老人均不宜在有窒息性气体存在的作业环境中工作。

64. 被列为高毒物品的化学物质有哪些?

根据《高毒物品目录》规定，高毒物品共有 54 种：N- 甲基苯胺，N- 异丙基苯胺，氨，苯，苯胺，丙烯酰胺，丙烯腈，对硝基苯胺，对硝基氯苯、二硝基氯苯，二苯胺，二甲基苯胺，二硫化碳，二氯代乙炔，二硝基苯（全部异构体），二硝基（甲）苯，三硝基甲苯，二氧化（一）氮，甲苯 -2,4- 二异氰酸酯（TDI），氟化氢，氟及其化合物（不含氟化氢），镉及其化合物，铬及其化合物，汞，碳酰氯，黄磷，甲（基）肼，偏二甲基肼，甲醛，焦炉逸散物，肼（联氨），镍与难溶性镍化物，可溶性镍化物，（四）羰基镍，磷化氢（膦），硫化氢，硫酸二甲酯，氯化汞，氯化萘，氯甲基醚，氯（氯气），氯乙烯（乙烯基氯），锰化合物（锰尘、锰烟），铍及其化合物，铅（尘 / 烟），砷化（三）氢，砷及其无机化合物，石棉总尘 / 纤维，铊及其可溶化合物，锑及其化合物，五氧化二钒烟尘，硝基苯，一氧化碳（非高原），氰化氢，氰化物。

相关链接

高毒物品的特点是：

（1）对人体毒性强。

（2）对人体危害大。

（3）易使人体发生急、慢性中毒，尤其是急性中毒或者亚急性中毒。

（4）易使人体发生癌变。

（5）易被用于恐怖活动或战争。

65. 高分子化合物对人体的危害有哪些?

高分子化合物实际上就是相对分子质量较大的化合物，凡是相对分子质量高达数千至数百万，由千百个原子以共价键相互连接而成的物质，都属于高分子化合物。高分子化合物均是由许多结构相同的单体经聚合或缩合而成的大分子物质，如聚乙烯塑料是由许多乙烯单体聚合而成，酚醛树脂是由苯酚与甲醛缩聚而成。

高分子化合物的成品毒性很小，对人体基本无危害，它的毒性主要取决于所含游离单体的种类和量及所用添加剂的毒性，如酚醛树脂遇热可游离出甲醛和苯酚，而后两者都对皮肤具有原发刺激作用。

塑料中的稳定剂如有机锡、铅盐等，环氧树脂的固化剂如乙二胺等，合成橡胶的引发剂如偶氮二异丁腈等，均对人体有危害。此外，添加剂与高分子化合物的内部成分可逐步游离至物品表面，通过污染食品、水或与皮肤接触，引起危害。

相关链接

高分子化合物本身对人无毒或毒性很小，但高分子化合物的粉尘却对人体有害。如聚氯乙烯粉尘，吸入后可致肺轻度纤维化；某些高分子化合物粉尘可致上呼吸道黏膜刺激症状；酚醛树脂、环氧树脂等对皮肤有原发性刺激或致敏作用。

生产高分子化合物的基本原料有煤焦油、天然气和石油裂解气等，其中以石油裂解气应用最多，其主要成分包含不饱和烯烃和芳香烃类化合物（如乙烯、丙烯、丁二烯、苯、甲苯、二甲苯等）。生产中常用不饱和烯烃、芳香烃及其卤代化合物、氰类、二醇和二胺类化合物等单体合成高分子化合物，这些单体多数对人体健康有影响。

66. 生物性危害因素是什么？

生物性危害因素是职业病危害因素的一个重要组成部分，生产原料和生产环境中存在的对职业人群健康有害的致病微生物、寄生虫、动植物、昆虫等及其所产生的生物活性物质统称为生物性危害因素。例如，附着于动物皮毛上的炭疽杆菌、布氏杆菌，某些动植物产生的具有刺激性、毒性或变态反应性生物活性物质，以及禽畜血吸虫尾蚴等。职业性生物性危害因素主要指病原微生物和致病寄生虫，如炭疽杆菌、布氏杆菌等。

（1）炭疽杆菌

炭疽是一种人畜共患的急性传染病。炭疽杆菌是炭疽的病源菌。炭疽杆菌的荚膜和炭疽毒素是其主要的两种致病物质。炭疽杆菌在动物体内可以形成荚膜，荚膜能抵抗吞噬细胞的吞噬作用，有利于该菌在机体内的生存、繁殖和扩散。炭疽杆菌还可产生强毒性的炭疽毒素，炭疽毒素由水肿因子、保护性抗原和致死因子三种成分组成，其中任一成分单独存在均不会引起毒性反应。水肿因子和保护性抗原同时作用可产生皮肤坏死和水肿反应，保护性抗原和致死因子同时作用可使动物死亡，只有三者同时存在方可引起典型的炭疽病。炭疽毒素主要损害微血管内皮细胞，增强血管壁的通透性，减少有效血容量和微循环灌注量，使血液的黏滞度增高，从而导致弥散性血管内凝血，造成休克。炭疽杆菌可经皮肤、呼吸道和消化道侵入机体。

（2）布氏杆菌

布氏杆菌由荚膜和内毒素两种主要致病物质组成，荚膜能够抵抗吞噬细胞的吞噬作用，内毒素会损害吞噬细胞，在二者双重作用下，布氏杆菌能在宿主细胞内增殖成为胞内寄生菌，并经淋管结到达局部淋巴结内进行繁殖形成感染病。当布氏杆菌在淋巴结中繁殖达到一定数量后即可突破淋巴结进入血液，引起发热等菌血症的表现。布氏杆菌可随血液侵入肝、脾、骨髓、淋巴结等组织器官，并生长繁殖形成新的感染病。

相关链接

炭疽杆菌主要寄生于牛、马、羊、骆驼等食草动物体内。从事畜牧业、兽医、屠宰牲畜检疫、毛纺及皮革加工等职业人群接触炭疽杆菌的机会较多。误食病畜肉、乳品等也可引起肠炭疽。

对于布氏杆菌，牧民、饲养员、挤奶工、屠宰工、肉品包装工、卫生检疫员、兽医等职业人群接触机会较多。饮用被布氏杆菌污染的生奶或奶制品可感染布氏杆菌病。

67. 生物性危害因素的危害如何预防?

用人单位应采取以下措施预防生物性危害因素的危害：

（1）厂房布局、设施应符合防疫的健康要求。

（2）来自疫区的皮、毛等原料，需经检疫、消毒后再加工。

（3）生产性粉尘多的工厂应设通风除尘设备。

（4）操作现场、搬运和初始接触皮毛的场地及工具每天应消毒两次。

（5）加强个人防护，制定防护服、口罩、防尘眼镜、帽子、

手套、鞋等防护用品的更换消毒制度。工作场所不得饮水，工作后应洗手、消毒、淋浴。

相关链接

常见的生物性危害因素作业主要见于病原微生物实验研究、医疗卫生技术服务、生物高科技产业、动物或植物相关行业。

（1）病原微生物实验研究

从事与病原微生物菌（毒）种、样本有关的研究、教学、检测、诊断等活动的实验室工作人员可能因接触高致病性病原微生物而引起相应的健康损害。

（2）医疗卫生技术服务

从事医疗卫生技术服务的工作人员可能因接触致病性微生物而引起相应的健康损害。

（3）生物高科技产业

以DNA重组技术为代表的现代生物技术操作对象主要是活性有机体，在生产操作过程中工作人员可经常接触致病性微生物或非致病性微生物或其有毒有害的代谢产物，有可能对其健康产生危害。

（4）动物相关行业

从事畜牧业、动物饲养、动物屠宰等动物相关行业的工作人员存在感染动物性传染病的风险。

（5）植物相关行业

农业生产人员可能因接触有机粉尘而患农民肺；从事菇类栽培、采摘工作的人员可因吸入大量真菌孢子而患蘑菇肺；从事稻田作业的人员会患各种皮肤疾患；在森林地区进行作业活动的人员可能会接触到森林脑炎病毒等。

第6章 尘毒高危企业职业病防治

68. 什么是职业病?

当职业有害因素作用于人体的强度与时间超过一定的限度时，人体便不能代偿其所造成的功能性或器质性病理的改变，从而出现相应的临床症状，影响劳动能力，这类疾病通称为职业病。一般被认定为职业病，应具备三个条件：一是该疾病应与工作场所的职业有害因素密切相关；二是所接触的职业有害因素的剂量（浓度或强度）无论过去或现在，都足可导致疾病的发生；三是必须区别职业性与非职业性病因所起的作用，而前者的可能性必须大于后者。

根据《职业病防治法》，职业病是指企业、事业单位和个体经济组织等用人单位的劳动者在职业活动中，因接触粉尘、放射性物质和其他有毒、有害因素而引起的疾病。

实际工作中，各个国家都要根据本国的经济社会发展水平和工伤保险的承受能力，将职业病通过一定的法律程序确定为法定职业病。

法定职业病必须具备四个条件：

（1）病人主体仅限于企业、事业单位和个体经济组织等用人单位的劳动者。

（2）必须是在从事职业活动的过程中产生的。

（3）必须是因接触粉尘、放射性物质和其他有毒、有害物质等职业病危害因素引起的。

（4）必须是列入国家规定的职业病范围的。

在我国，依据《职业病防治法》，职业病的分类和目录由国务院卫生行政部门会同国务院劳动保障等行政部门制定、调整并公

布，现行的《职业病分类和目录》（国卫疾控发〔2013〕48 号）中规定的职业病共 10 类 132 种。

知识学习

发生职业病的三个条件：有害因素的性质；有害物质能在体内蓄积；人的健康状况。

法律提示

根据《工伤保险条例》第十四条第四项的规定，患职业病的应当被认定为工伤。患职业病的工伤职工，在治疗和休息期间及在鉴定伤残等级或治疗无效死亡时，均应按有关规定给予相应工伤保险待遇。

69. 尘毒高危企业常见的职业病有哪些?

根据《职业病分类与目录》，尘毒高危企业常见的职业病共有 7 类。

（1）职业性尘肺病及其他呼吸系统疾病

1）尘肺病：矽肺，煤工尘肺，石墨尘肺，炭黑尘肺，石棉肺，滑石尘肺，水泥尘肺，云母尘肺，陶工尘肺，铝尘肺，电焊工尘肺，铸工尘肺，根据《尘肺病诊断标准》和《尘肺病理诊断标准》可以诊断的其他尘肺病。

2）其他呼吸系统疾病：过敏性肺炎，棉尘病，哮喘，金属及其化合物粉尘肺沉着病（锡、铁、锑、钡及其化合物等），刺激性化学物所致慢性阻塞性肺疾病，硬金属肺病。

（2）职业性皮肤病

职业性皮肤病包括：接触性皮炎，光接触性皮炎，电光性皮炎，黑变病，痤疮，溃疡，化学性皮肤灼伤，白斑，根据《职业性皮肤病的诊断总则》可以诊断的其他职业性皮肤病。

（3）职业性眼病

职业性眼病包括：化学性眼部灼伤，电光性眼炎，白内障（含放射性白内障、三硝基甲苯白内障）。

（4）职业性化学中毒

职业性化学中毒包括：铅及其化合物中毒（不包括四乙基铅），汞及其化合物中毒，锰及其化合物中毒，镉及其化合物中毒，铍病，铊及其化合物中毒，钡及其化合物中毒，钒及其化合物中毒，磷及其化合物中毒，砷及其化合物中毒，铀及其化合物中毒，砷化氢中毒，氯气中毒，二氧化硫中毒，光气中毒，氨中毒，偏二甲基肼中毒，氮氧化合物中毒，一氧化碳中毒，二硫化碳中毒，硫化氢中毒，磷化氢、磷化锌、磷化铝中毒，氟及其无机化合物中毒，氰及腈类化合物中毒，四乙基铅中毒，有机锡中毒，羰基镍中毒，苯中毒，甲苯中毒，二甲苯中毒，正己烷中毒，汽油中毒，一甲胺中毒，有机氟聚合物单体及其热裂解物中毒，二氯乙烷中毒，四氯化碳中毒，氯乙烯中毒，三氯乙烯中毒，氯丙烯中毒，氯丁二烯中毒，苯的氨基及硝基化合物（不包括三硝基甲苯）中毒，三硝基甲苯中毒，甲醇中毒，酚中毒，五氯酚（钠）中毒，甲醛中毒，硫酸二甲酯中毒，丙烯酰胺中毒，二甲基甲酰胺中毒，有机磷中毒，氨基甲酸酯类中毒，杀虫脒中毒，溴甲烷中毒，拟除虫菊酯类中毒，铟及其化合物中毒，溴丙烷中毒，碘甲烷中毒，氯乙酸中毒，环氧乙烷中毒，上述条目未提及的与职业有害因素接触之间存在直接因果联系的其他化学中毒。

（5）职业性传染病

职业性传染病包括：炭疽，森林脑炎，布鲁氏菌病。

（6）职业性肿瘤

职业性肿瘤包括：石棉所致肺癌、间皮瘤，联苯胺所致膀胱癌，苯所致白血病，氯甲醚、双氯甲醚所致肺癌，砷及其化合物所致肺癌、皮肤癌，氯乙烯所致肝血管肉瘤，焦炉逸散物所致肺癌，六价铬化合物所致肺癌，毛沸石所致肺癌、胸膜间皮瘤，煤焦油、煤焦油沥青、石油沥青所致皮肤癌，β－萘胺所致膀胱癌。

（7）其他职业病

尘毒所致的其他职业病主要包括金属烟热。

70. 职业病的预防原则是什么？

预防职业病应遵循以下三级预防原则：

（1）一级预防

从根本上使劳动者不接触职业病危害因素，如改变工艺、改进生产过程、确定容许接触量或接触水平，使生产过程中所产生的职业病危害因素浓度达到安全标准，根据职业禁忌证相关要求避免有关人员进入职业禁忌岗位。

（2）二级预防

在一级预防达不到要求、职业病危害因素已开始损伤劳动者的健康时，应及时发现，采取补救措施，主要工作是进行职业危害及健康的早期检测与及时处理，防止其进一步发展。

（3）三级预防

对已患职业病者，应作出正确诊断、及时处理，包括及时脱离接触进行治疗、防止恶化和并发症，最终使其恢复健康。

法律提示

与《职业病防治法》相配套的规章有《国家职业卫生标准管理办法》《职业病危害项目申报管理办法》《职业健康检查管理办法》《职业病诊断与鉴定管理办法》等。

71. 职业病危害因素的控制措施有哪些?

单纯对职业病危害因素进行识别和评价，是不能防止职业病的产生及其对健康的影响，只有控制好工作环境中的职业病危害因素，才能防止职业病的发生及其对劳动者健康的影响。职业病危害因素的控制是职业卫生工作的根本目的，职业病危害因素的控制措施一般包括三个方面。

（1）工程措施

通过采取工程技术的手段，消除或减少污染物质的使用，降低职业病危害因素强度。

（2）管理措施

如改变劳动者在接触有害因素的场所工作的时间、工作方式，降低劳动者接触职业病危害因素程度等。

（3）个体防护措施

在作业环境中的职业病危害因素暂时无法达到职业卫生标准的情况下，用人单位应通过提供适当的劳动防护用品，来降低劳动者接触职业病危害因素强度。

相关链接

职业禁忌，是指劳动者从事特定职业或者接触特定职业病危害因素时，比一般职业人群更易于遭受职业危害损伤和罹患职业病，或者可能导致原有自身疾病的病情加重，或者在从事作业过程中诱发可能导致对他人生命健康构成危险的疾病的个人特殊生理或者病理状态。

知识学习

在考虑使用劳动防护用品之前，必须首先仔细考虑其他可能的控制措施，因为在常规的接触控制中，个体防护是最不舒适、不方便的一种方式，尤其是针对气体污染物的防护。

72. 职业病危害因素的控制措施有哪些？

（1）依靠立法管理，严格执行《职业病防治法》和国家、地方、行业颁布的有关法规和技术标准，根据单位情况制定安全管理制度和规程。

（2）控制危害源头，严格执行建设项目职业病防护设施“三同时”管理。

（3）采用有效的工艺技术措施，将有害因素尽可能消除和控制在工艺流程和生产设备中，做到清洁生产。

（4）对目前技术和经济条件尚不能完全控制的职业危害，要采取有针对性的卫生保健和劳动防护措施，加强对劳动者的安全教育。

（5）生产中使用的有毒的生产原料、辅助材料，应按照规定申报、登记、注册，详细记录该物质的标志、理化性质、毒性、危害、防护措施、急救预案等。

（6）生产过程中的职业危害和防护要求应告知接触者，提高其自身保护能力。

（7）为劳动者创造安全舒适的作业环境，减少心理紧张和生理损害。

知识学习

职业病危害因素的控制是“三级预防”中的第一级预防，旨在从根本上消除和控制职业病危害的发生。

73. 职工的职业健康权利有哪些？

（1）获得职业安全健康教育、培训的权利。

（2）获得职业健康检查、职业病诊治、康复等职业危害防治服务的权利。

（3）了解作业场所产生或者可能产生的职业有害因素、危害后果和应当采取的职业危害防治措施的权利。

（4）要求用人单位提供符合要求的职业危害防护设施和个人使用的职业危害防护用品，改善工作条件的权利。

（5）对违反职业危害防治法律、法规、规章和国家标准及行业标准，危及生命健康的行为提出批评、检举和控告的权利。

（6）拒绝违章指挥和强令进行没有职业危害防护措施的作业的权利。

（7）参与用人单位职业安全健康工作的民主管理，对职业危害防治工作提出意见和建议的权利。

相关链接

职工的职业健康义务包括：应当学习和掌握相关的职业安全健康知识，遵守职业危害防治法律、法规、规章和操作规程，正确使用、维护职业危害防护设备和劳动防护用品，发现职业危害事故隐患应当及时报告。

74. 职业健康监护是什么？

职业健康监护是根据劳动者的职业接触史，通过定期或不定期的医学健康检查和健康相关资料的收集，连续性地监测劳动者的健康状况，分析劳动者健康变化与所接触职业病危害因素的关系，并及时地将健康检查和资料分析结果报告给用人单位和劳动者本人，以便及时采取预防和干预措施，保护劳动者健康。

职业健康监护的主要内容包括职业健康检查和职业健康监护档案管理等。职业健康检查一般包括上岗前健康检查、在岗期间定期健康检查、离岗时健康检查和应急健康检查。

职业健康监护的目的主要包括：

（1）早期发现职业病、职业健康损害和职业禁忌证。

（2）跟踪观察职业病及职业健康损害的发生发展规律及分布情况。

（3）评价职业健康损害与作业环境中职业病危害因素的关系及危害程度。

（4）识别新的职业病危害因素和高危人群。

（5）根据职业健康检查结果采取预防和干预措施，包括改善作业条件以及对职业病患者、疑似职业病和有职业禁忌证人员的处置。

（6）评价预防和干预措施的效果。

（7）为制定或修订职业卫生政策和职业病防治对策服务。

75. 职业健康检查的内容有哪些?

对职工的职业健康检查一般分为三个阶段，即上岗前、在岗期间、离岗时。

（1）上岗前职业健康检查

职工上岗前职业健康检查是指从事接触职业病危害因素作业的新录用人员（包括转岗到该种作业岗位的人员）以及拟从事有特殊健康要求作业（如电工作业、高处作业、职业机动车驾驶作业等）的人员，在开始从事接触职业病危害因素作业之前进行职业健康检查。上岗前健康检查均为强制性职业健康检查，其目的是发现有无职业禁忌证以及建立接触职业病危害因素人员的基础健康档案。

（2）在岗期间职业健康检查

职工在岗期间应按照所在单位的安排定期进行在岗期间的健康检查。

在岗期间定期职业健康检查是指对按规定需要开展健康监护的、长期从事接触职业病危害因素作业的劳动者，在其在岗期间定期地实施职业健康检查。其目的主要是早期发现职业病患者或疑似职业病患者或劳动者的其他健康异常改变，及时发现有职业禁忌证的劳动者，评价作业场所职业病危害因素的控制效果。

在岗期间定期健康检查包括强制性职业健康检查和推荐性职业健康检查，其定期健康检查的周期根据不同职业病危害因素的性质、工作场所职业病危害因素的浓度或强度、目标疾病的潜伏期和防护措施状况等因素决定。

（3）离岗时职业健康检查

职工离岗时职业健康检查是指其在准备调离或脱离所从事接触职业病危害的作业或岗位前对其进行全面的健康检查。检查的内容与项目是依据劳动者所从事的岗位、工种中所存在的职业病危害因素情况而有针对性地选择一些较为敏感的指标，对劳动者进行检查。其目的是确定其在停止接触职业病危害因素时的健康状况。

相关链接

用人单位对从业人员职业健康检查负有如下责任：

（1）用人单位不得安排未经上岗前职业健康检查的劳动者从事接触职业病危害因素的作业；不得安排有职业禁忌证的劳动者从事其所禁忌的作业；对在职业健康检查中发现有与所从事职业相关的健康损害的劳动者，应当调离原工作岗位，并妥善处置；对未进行离岗前职业健康检查的劳动者，不得解除或者终止与其订立的劳动合同。

（2）用人单位应当为劳动者建立职业健康监护档案，并按照规定的期限妥善保存。劳动者离开用人单位时，有权索取本人职业健康监护档案复印件，用人单位应当如实、无偿提供，并在所提供的复印件上签章。

（3）用人单位不得安排未成年人从事接触职业病危害因素的作业；不得安排孕期、哺乳期的女职工从事对本人和胎儿、婴儿有危害的作业。

（4）用人单位发生职业病危害事故，应当及时向所在地卫生行政部门和有关部门报告，并采取有效措施，减少或者消除职业病危害因素，防止事故扩大。对遭受职业病危害的劳动者，应及时组织救治，并承担所需费用。

76. 职业卫生教育培训的内容有哪些?

职业卫生教育培训是指利用书报、专刊、黑板报等媒体，通过专题讲座和培训等教学手段，系统、科学、有针对性地将职业卫生与安全的知识有效地输送给劳动者，提高广大劳动者的职业卫生知识水平与自我防护意识，从而降低工伤率、死亡率，减少罹患职业病的风险。

《职业病防治法》规定：用人单位的主要负责人和职业卫生管理人员应当接受职业健康教育培训，遵守职业病防治法律、法规，依法组织本单位的职业病防治工作。用人单位应当对劳动者进行上岗前的职业卫生培训和在岗期间的定期职业卫生培训，普及职业卫生知识，督促劳动者遵守职业病防治法律、法规、规章和操作规程，指导劳动者正确使用职业病防护设备和个人使用的职业病防护用品；劳动者享有获得职业卫生教育、培训的权利。

所以，职业卫生方面的教育培训工作是对《职业病防治法》的认真贯彻，也是一项保障劳动者权益的重要措施。

相关链接

用人单位负责人职业卫生初次培训不得少于16学时，继续教育不得少于8学时。

用人单位职业卫生管理人员初次培训不得少于16学时，继续教育不得少于8学时。职业病危害监测人员的培训，可以参照职业卫生管理人员的要求执行。

新职工的初次培训时间不得少于8学时，继续教育不得少于4学时。

77. 尘肺的类型有哪些?

尘肺是由于在生产环境中长期吸入生产性粉尘而引起的弥漫性肺间质纤维化改变的全身性疾病，是职业性疾病中影响面最广、危害最大的一类疾病。目前我国将尘肺病分为 12 类:

（1）矽肺，由于吸入粉尘的主要成分是游离二氧化硅而引起。

（2）煤工尘肺，主要由于接触游离二氧化硅含量较低的煤尘所致。

（3）石墨尘肺，由于接触较高浓度的石墨粉尘引起。

（4）炭黑尘肺，由于接触炭黑粉尘引起。

（5）石棉肺，由于吸入石棉粉尘后引起。

（6）滑石肺，由于吸入滑石粉尘后引起。

（7）水泥尘肺，由于吸入成品水泥粉尘引起。

（8）陶工尘肺，致病粉尘的性质较复杂，主要为含高岭土和一定量的游离二氧化硅粉尘，属于混合尘肺。

（9）云母尘肺，由于吸入含有一定量的游离二氧化硅、云母粉尘后引起。

（10）铝尘肺，由于长期吸入金属铝粉或氧化铝粉尘引起。

（11）电焊工尘肺，由于长期吸入电焊时产生的烟尘所致，这种烟尘成分与使用的焊条成分有关，属于混合性尘肺。

（12）铸工尘肺，由于吸入游离二氧化硅含量很低的黏土、石墨、石灰石、滑石等混合性粉尘后引起。

知识学习

矽肺是尘肺中进展最快、最严重、最常见、影响面较广的一种职业病。可能发生矽肺的作业有：采矿业的各种黑色、有色金属以及煤、氟、硫、磷等矿山的采掘、爆破、运输、原料破碎等作业；筑路、开凿隧道、修筑工事、兴修水利、地质勘探等作业；石英加工、玻璃、陶瓷、耐火材料业的原料破碎、过筛、拌料等作业；机械制造业的翻砂、清砂、喷砂等作业。

78. 尘肺危害的影响因素有哪些?

（1）粉尘环境中游离二氧化硅含量

在粉尘环境中游离二氧化硅含量越高，粉尘浓度越大，造成的危害越大。当粉尘中游离二氧化硅含量较大，且浓度很高时，人长期吸入后，肺组织中会形成矽结节。典型的矽结节由多层排列的胶原纤维构成，横断面似洋葱头状。早期矽结节中，胶原排列疏松，继而结节趋向成熟，胶原纤维可发生透明性病变。随着时间的推移，矽结节增多、增大，进而融合形成团块状。在煤矿开采中，煤矿岩层中游离二氧化硅含量相对较高，有时可高达40%，工人所接触的粉尘常为煤矽混合尘，如果长期大量吸入这类粉尘，也可引起以肺纤维化为主的疾病。

（2）接触时间

尘肺的发展是一个慢性过程，一般在持续吸入矽尘 5~10 年发病，有的长达 5~20 年或更久。但持续吸入含有高浓度、高游离二氧化硅的粉尘，经 1~2 年即可发病，成为“速发型尘肺”。

（3）粉尘分散度

粉尘分散度是表示粉尘颗粒大小的一个量度，以粉尘中各种颗粒直径大小的组成百分比来表示。小颗粒粉尘所占的比例越大，则分散度越大。分散度大小与尘粒在空气中的浮动和其在呼吸道中的阻留部位有密切关系，直径大于 10 微米的粉尘颗粒在空气中很快沉降，即使吸入也会被鼻腔鼻毛阻留，随鼻涕排出；10 微米以下的粉尘，绝大部分被上呼吸道所阻留；5 微米以下的粉尘，可进入肺泡；0.5 微米以下的粉尘，因其重力小，不易沉降，可随呼气排出，故阻留率下降；而 0.1 微米以下的粉尘因布朗氏运动，阻留率又反而增高。

（4）机体状态

游离二氧化硅粉尘对细胞的杀伤力，是造成尘肺病变的基础。一般来说，进入呼吸道的粉尘 98% 在 24 小时内可以通过各种途径排出体外，粉尘浓度过大，超过机体清除能力时，滞留在肺内的量越大，病理改变也越严重。有慢性呼吸道炎症患者，呼吸道的清除功能较差，呼吸系统感染尤其是肺结核发病率高，能促使矽肺病程迅速进展和加剧。此外，个体因素如年龄、健康素质、个人卫生习惯、营养状况等也是影响矽肺发病的重要条件。

知识学习

尘肺产生的影响因素主要有：粉尘环境中游离二氧化硅的含量、接触时间、粉尘分散度及机体状态。

79. 尘肺的一般诊断方法和标准有哪些？

医学上，尘肺的一般诊断方法主要有：

（1）体征

尘肺病早期患者一般状态尚好，晚期则营养欠佳。晚期患者，特别是并发肺结核或肺部感染时，肺部可听到啰音；有肺气肿、气胸、肺源性心脏病时，可出现相应的体征；有杵状指时，应留心发生其他并发病的可能。

（2）X 线表现

接触石英粉尘，特别是吸入高浓度石英粉尘所致典型矽肺的 X 线表现是首先在两上肺野出现圆形小阴影，两侧基本对称，以外侧更为明显，但肺尖不受累及，如肺尖出现阴影则患并发肺结核的可能性更大。随病情的发展，除两上肺野外，中、下肺野也出现圆形小阴影，肺内小阴影增多、变大，密集度增高。严重的病例，两肺阴影密集，似漫天风雪（暴雪状）。随着小阴影的增多，肺纹理会发生变形、中断，直至不能辨认。大阴影经过几年的演变，有向肺门和纵隔移动的趋势，并伴有肺门上抬、肺下部气肿加重、残留的肺纹拉直呈垂柳样症状。接触高浓度石英粉尘、病情严重的病例，在矽结节中心坏死后会发生矽结节钙化，并常伴有肺门淋巴结蛋壳样钙化。在出现矽结节钙化后，病情常变缓和，可多年处于稳定状态。

尘肺的医学诊断一般以X射线胸片的表现为标准将其分为三期。

一期尘肺是指有总体密集度1级的小阴影，分布范围至少达到2个肺区。

二期尘肺是指有总体密集度2级的小阴影，分布范围超过4个肺区；或有总体密集度3级的小阴影，分布范围达到4个肺区。

三期尘肺是指有下列情形之一者：有大阴影出现，其长径不小于20毫米，短径不小于10毫米；有总体密集度3级的小阴影，分布范围超过4个肺区并有小阴影聚集；有总体密集度3级的小阴影，分布范围超过4个肺区并有大阴影。

尘肺病诊断结论的表述为：具体尘肺病名称+期别，如矽肺一期、煤工尘肺二期等。未能诊断为尘肺病者，应表述为“无尘肺”。

知识学习

尘肺病患者一旦确诊，应立即脱离有害粉尘接触，并做劳动能力鉴定，即根据患者全身状况、X射线诊断及结合肺代偿功能确定，安排适当工作或休息。

此外，患者应善于自我保健，戒烟、戒酒，增加营养，并进行适当的体育锻炼和治疗，以改善体质、延长寿命。

80. 电离辐射内照射的危害如何预防?

电离辐射内照射危害主要指吸入具有辐射能的放射性微粒后，放射性物质对人体组织、器官施加辐射所造成的后果。由于地壳内普遍存在着放射性元素，在矿物开采加工时，就会有放射性微粒飞扬出来形成放射性粉尘。

氡子体是离子态的原子微粒，有很强的吸附能力，能牢固地黏附在任何物体的表面，特别是巷道壁、矿石及粉尘的表面上。当作业人员吸入粉尘时也同时吸入了氡子体。这些进入深部呼吸道的氡子体，在衰变过程中会放出射程只有几厘米的射线，严重影响身体健康。

电离辐射内照射的防护手段主要有：

（1）机械通风

矿山设计时，开拓方案和采矿方法都必须为放射性辐射防护创造条件，必须采用机械通风。机械通风是目前排除放射性气体与粉尘最有效的方法。

（2）空气净化

对于通风系统不能发挥作用的局部地区，可采用局部净化方法将空气中的放射性气体分离出去。把空气净化器安装在工作区域内，净化器入口吸入含尘及放射性气体的污浊风流，经过滤净化后再由出口送出清洁空气供给工作空间使用。净化器有静电式、过滤式以及经典过滤复合式三种类型。

（3）放射源隔离

在放射性气体高析出率的矿山，应采取多种措施降低岩壁和矿石的放射性气体析出量。如矿石富集地带，应尽量减少巷道探矿，用孔探代替坑探，以减少岩矿暴露表面；在矿壁上喷涂防放射性气体保护层，能使放射性气体的析出率降低50%以上。

（4）做好防尘工作

矿尘的危害不但是粉尘中游离二氧化硅可以导致矿工尘肺病，更大的危害在于粉尘成分中有放射性同位素，而且放射性气体沉积在呼吸性粉尘上又形成极细微的气溶胶，这不仅加速尘肺病的发展，更能提高矿工肺癌的发生率。所以在有放射性污染的矿山工作、选矿厂等必须高度重视并做好防尘工作。

（5）加强个体防护

电离辐射内照射危害的源头是吸入放射性颗粒物；因此，预防措施首先应注意防止放射性物质从呼吸系统、消化系统或皮肤等途径进入体内，其中最主要的是呼吸防护。现场用于放射防护的用具主要包括口罩、工作服、靴子、手套等。工作后在规定的场所更衣、淋浴是防止放射性物质被带至公共场所或带回家的重要措施。

知识学习

引发电离辐射内照射伤害的放射性物质主要是放射性元素氡以及粉尘状含放射性物质的颗粒。

81. 金属烟热的危害如何预防?

金属烟热是急性职业病，是吸入金属加热过程释放出的大量新生成的金属氧化物粒子引起的。劳动者患金属烟热多为在通风不良的环境中作业，吸入过多的金属氧化物烟尘所致，以氧化锌烟雾引起者最多见，锡、银、铁、镉、铅、锑、铍、镁、铊或锰等氧化物烟雾也可引起本病。临床表现为流感样发热，有发冷、发热以及呼吸系统症状，以典型性骤起体温升高和血液白细胞数增多等为主要表现的全身性疾病。

金属烟热的主要预防措施有：

（1）在冶炼、铸造作业时应尽量采用密闭化生产、加强通风

以防止金属烟尘和有害气体逸出，并回收加以利用。

（2）在通风不良的场所进行焊接、切割时，应加强通风，操作者应戴送风面罩或防尘面罩，并缩短工作时间。

知识学习

各种重金属烟均可引起金属烟热。金属加热刚超过其沸点时，会释放出高能量的直径 0.2~1 微米的粒子，如果被吸入呼吸道深部，大量接触肺泡可引起金属烟热，吸入大量细小的金属尘粒也可发病。能引起金属烟热的金属主要是锌、铜、镁，特别是氧化锌。铬、锑、铁、铅、锰、汞、镍、银、锡等也可引起，但较少见。锌的熔点和沸点较低，金属加高温时首先逸出大量锌蒸气，在空气中氧化为氧化烟而致病。生产环境空气中氧化锌浓度 >15 毫克 / 立方米时，常有金属烟热发生。

相关链接

下列人员易患金属烟热：

（1）金属加热作业人员

金属熔炼、铸造、锻造、喷金等作业都需要加高温，铸铜时其中的锌由于熔点和沸点低而首先释放出来，并在空气中形成氧化锌烟，成为金属烟热常见的成因，铜尘、锰尘等细小金属粒子也可引起发病。

（2）金属焊接作业人员

金属焊接和气割的高温可使镀锌金属或镀锡金属释放出氧化锌烟或氧化锡烟，焊接或气割合金也可释放出金属烟。

第7章 尘毒高危企业劳动防护用品安全使用

82. 什么是劳动防护用品？

劳动防护用品是指由用人单位为职工配备的，使其在劳动过程中免遭或者减轻事故伤害及职业病危害的个体防护装备。

劳动防护用品分为以下十大类：

（1）防御物理、化学和生物危险有害因素对头部伤害的头部防护用品。

（2）防御缺氧空气和空气污染物进入呼吸道的呼吸防护用品。

（3）防御物理和化学危险有害因素对眼面部伤害的眼面部防护用品。

（4）防噪声危害等的耳部防护用品。

（5）防御物理、化学和生物危险有害因素对手部伤害的手部防护用品。

（6）防御物理和化学危险有害因素对足部伤害的足部防护用品。

（7）防御物理、化学和生物危险有害因素对躯干伤害的躯干防护用品。

（8）防御物理、化学和生物危险有害因素损伤皮肤或引起皮肤疾病的护肤用品。

（9）防止高处作业劳动者坠落或者高处落物伤害的坠落防护用品。

（10）其他防御危险有害因素的劳动防护用品。

法律提示

《用人单位劳动防护用品管理规范》规定：用人单位应当健全管理制度，加强劳动防护用品配备、发放、使用等管理工作。

用人单位应当安排专项经费用于配备劳动防护用品，不得以货币或者其他物品替代。该项经费计入生产成本，据实列支。

用人单位应当为劳动者提供符合国家标准或者行业标准的劳动防护用品。使用进口的劳动防护用品，其防护性能不得低于我国相关标准。

83. 尘毒高危企业对劳动防护用品的管理责任有哪些?

（1）用人单位应根据工作场所中的职业病危害因素及其危害程度，按照法律、法规、标准的规定，为劳动者免费提供符合国家规定的劳动防护用品。不得以货币或其他物品替代应当配备的劳动防护用品。

（2）用人单位应到定点经营单位或生产企业购买特种劳动防护用品。特种劳动防护用品必须具有“三证”和“一标志”，即生产许可证、产品合格证、安全鉴定证和安全标志。

（3）用人单位应教育、培训职工按照使用规则和防护要求正确使用劳动防护用品，使职工做到“三会”，即会检查劳动防护用品的可靠性；会正确使用劳动防护用品；会正确维护保养劳动防护用品。用人单位应定期进行监督检查。

（4）用人单位应按照产品说明书的要求，及时更换、报废过期和失效的劳动防护用品。

（5）用人单位应建立健全劳动防护用品的购买、验收、保管、发放、使用、更换、报废等管理制度和使用档案，并进行必要的监督检查。

相关链接

劳动防护用品必须在其性能范围内使用，不得超过极限使用；不得使用未经国家指定、未经监测部门认可（国家标准）和检测达不到标准的产品；不得使用无安全标志的特种劳动防护用品；不能用其他物品或福利代替劳动防护用品，更不能以次充好。

法律提示

《安全生产法》规定：生产经营单位必须为从业人员提供符合国家标准或者行业标准的劳动防护用品，并监督、教育从业人员按照使用规则佩戴、使用。

84. 尘毒高危企业如何配备劳动防护用品？

接触粉尘、有毒、有害物质的劳动者应当根据不同粉尘种类、粉尘浓度及游离二氧化硅含量和毒物的种类及浓度配备相应的呼吸器、防护服、防护手套和防护鞋等。具体可参照《呼吸防护　自吸过滤式防颗粒物呼吸器》（GB 2626）、《呼吸防护用品的选择、使用与维护》（GB/T 18664）、《防护服装　化学防护服的选择、使用和维护》（GB/T 24536）、《手部防护　防护手套的选择、使用和维护指南》（GB/T 29512）和《个体防护装备　足部防护鞋（靴）的选择、使用和维护指南》（GB/T 28409）等标准。

（1）颗粒物

1）对于一般粉尘，如煤尘、水泥尘、木粉尘、云母尘、滑石尘及其他粉尘，应选择过滤效率至少满足《呼吸防护　自吸过滤式防颗粒物呼吸器》（GB 2626）规定的 KN90 级别的防颗粒物呼吸器。

2）对于石棉，应选择可更换式防颗粒物半面罩或全面罩，过滤效率至少满足 GB 2626 规定的 KN95 级别的防颗粒物呼吸器。

3）对于矽尘、金属粉尘（如铅尘、镉尘）、砷尘、烟（如焊接烟、铸造烟），应选择过滤效率至少满足 GB 2626 规定的 KN95 级别的防颗粒物呼吸器。

4）对于放射性颗粒物，应选择过滤效率至少满足 GB 2626 规定的 KN100 级别的防颗粒物呼吸器。

5）对于致癌性油性颗粒物（如焦炉烟、沥青烟等），应选择过滤效率至少满足 GB 2626 规定的 KP95 级别的防颗粒物呼吸器。

（2）化学物质

1）对于无机气体、有机蒸气，应为劳动者佩戴防毒面具。工作场所毒物浓度超标不大于 10 倍，使用送风或自吸过滤半面罩；工作场所毒物浓度超标不大于 100 倍，使用送风或自吸过滤全面罩；工作场所毒物浓度超标大于 100 倍，使用隔绝式或送风过滤式全面罩。

2）对于酸、碱性溶液、蒸气，劳动者需佩戴防酸碱面罩、防酸碱手套，穿防酸碱服、防酸碱鞋。

85. 尘毒高危企业职工常用的劳动防护用品有哪些?

尘毒高危企业职工在生产作业过程中，使用合适的劳动防护用品可有效保护职工的身体健康和生命安全不受到威胁。尘毒高危企业职工常用的劳动防护用品主要分为以下几类：

（1）呼吸防护用品

呼吸防护用品又被称为呼吸防护器（简称呼吸器），主要用于防护工作场所空气中存在的颗粒物、气溶胶、有害气体或蒸气等职业病危害因素通过呼吸道进入人体。根据有关数据统计，80%以上的职业病都是由呼吸危害导致的，长期暴露于有害的空气污染物环境，如粉尘、烟、雾或有毒有害的气体或蒸气，会导致各种慢性职业病，如矽肺病、焊工尘肺、苯中毒、铅中毒等；短时间暴露于高浓度的有毒有害的气体环境，如一氧化碳或硫化氢，会导致急性中毒；暴露于缺氧环境中，会导致窒息死亡。呼吸防护用品是一类广泛使用的预防职业危害的劳动防护用品。

呼吸防护用品从设计上分为过滤式和供气式两类：

1）过滤式呼吸器。过滤式呼吸器是指将作业环境空气通过过滤元件去除其中有害物质后作为气源的呼吸防护用品，可分为自吸过滤式呼吸器和动力送风过滤式呼吸器。自吸过滤式呼吸器靠使用者自主呼吸克服过滤元件阻力，吸气时面罩内压力低于环境压力，属于负压呼吸器，具有明显的呼吸阻力；动力送风过滤式呼吸器靠机械动力或电力克服阻力，将过滤后的空气送到头面罩内供呼吸用，送风量可以大于一定劳动强度下的人的呼吸量，吸气过程中面罩内压力可维持高于环境气压，属于正压式呼吸器。

2）供气式呼吸器。供气式呼吸器也称隔绝式呼吸器，是将使用者的呼吸道完全与污染空气隔绝，呼吸空气来自污染环境之外。其中，长管呼吸器依靠一根长长的空气导管，将污染环境以外的洁净空气输送给使用者呼吸，对于靠使用者自主吸气导入外界空气的设计，或送风量低于使用者呼吸量的设计，吸气时面罩内呈负压，属于自吸式或负压式长管呼吸器；对于靠气泵或高压空气源输送空气，在一定劳动强度下能保持头面罩内压力高于环境压力，就属于正压长管呼吸器。自携气式呼吸器（SCBA）的呼吸空气来自使用者携带的空气瓶，高压空气经降压后输送到全面罩内，而且能维持呼吸面罩内的正压。消防员灭火或抢险救援作业时通常使用自携气式呼吸器。

（2）粉尘防护用品

1）防尘口罩。防尘口罩属于自吸过滤式防颗粒物呼吸器。生产作业场所配备的防尘口罩，主要用于防止或减少生产环境中的粉尘、烟、雾以及微生物等颗粒物进入人体呼吸器官从而保护劳动者安全健康的劳动防护用品。

2）隔绝式压风呼吸器。隔绝式压风呼吸器是一类新型呼吸防护装备，具有防尘、防毒的双重功能，由主机、配气管路和弹性正压口罩三大部分组成。呼吸器将风压减低、过滤净化，并经过多极限压、安全泄压装置，使高压气流可靠地还原为新鲜空气，经导管送入呼吸口罩内，供佩戴者呼吸用，隔绝尘、毒的效率近100%。

3）防尘眼镜。防尘眼镜主要用以防止粉尘进入劳动者的眼睛，它的镜框、镜腿均为空心，在镜框卡于鼻梁的部位设有通气孔，镜腿与镜框为一体。为了达到防尘目的，防尘眼镜的通气孔上卡接防尘罩，防尘罩扣于鼻上。防尘眼镜在镜腿的后部设有过滤盒，过滤盒一般可置于耳朵上方。

4）防尘安全帽。防尘安全帽具有滤尘送风，保护呼吸器官、面部、头部和佩戴安全舒适的优点，是保护功能较为齐全的劳动防护用品。新式的防尘安全帽不需专用电源，仅将矿灯与之配套即可正常工作，使用和管理都十分方便。

5）防尘服。防尘服按用途分为普通型防尘服和防静电型防尘服，按款式分为连体式防尘服、夹克式防尘服、大衣式防尘服等。

6）防尘鞋。防尘鞋公用的较多见，常见的公用防尘鞋由接尘船、吸盘、底架、鞋底、围片装置、转板、挂架等部件组成。

7）护肤霜和皮肤清洁液。护肤霜主要用于预防和治疗皮肤干燥、粗糙、皲裂及职业性皮肤干燥，特别适用于接触吸水性或碱性粉尘以及露天作业的人员。皮肤清洁液对油污和尘垢有较好的除污作用，适用于机械维修、矿山采挖等行业的劳动者。

86. 呼吸防护用品的使用原则有哪些？

（1）任何呼吸防护用品的防护功能都是有限的，应让使用者了解所使用的呼吸防护用品的局限性。

（2）使用任何一种呼吸防护用品前都应仔细阅读产品使用说明，并严格按要求使用。

（3）应向所有使用人员进行呼吸防护用品使用方法培训。

（4）使用前应检查呼吸防护用品的完整性、过滤元件的适用性、电池电量、气瓶储气量等，消除不符合相关规定的现象后才允许使用。

（5）进入有害环境前，应先佩戴好呼吸防护用品。对于密合型面罩，使用者佩戴完毕后应做气密性检查，以确认密合。

（6）在有害环境作业的人员应始终佩戴呼吸防护用品。

（7）当使用者在使用中闻到异味或感到刺激、恶心时，应立即离开有害环境，并检查呼吸防护用品，确定并排除故障后方可重新进入有害环境；若无故障存在，应更换有效的过滤元件。

（8）若呼吸防护用品同时使用数个过滤元件，如双过滤盒，应同时更换。

（9）若新过滤元件在某种场合迅速失效，应重新评价所选用过滤元件的适用性。

（10）除通用部件外，在未得到呼吸防护用品生产者认可的前提下，不应将不同品牌的呼吸防护用品部件拼装或组合使用。

（11）应对所有使用呼吸防护用品的人员进行定期体检，定期评价其使用呼吸防护用品的能力。

87. 呼吸防护用品应如何进行管理？

尘毒高危企业对于呼吸防护用品的管理应该包括对呼吸防护用品进行储存、检查、保养、清洗消毒等工作。

（1）呼吸防护用品的储存

1）呼吸防护用品应保存在清洁、干燥、无油污、无阳光直射和无腐蚀性气体的地方。

2）若呼吸防护用品不经常使用，建议将呼吸防护用品放入密封袋内储存。储存时应避免面罩变形。

3）防毒过滤元件不应敞口储存。

4）所有紧急情况和救援使用的呼吸防护用品应保持待用状态，并置于适宜储存、便于管理、取用方便的地方，不得随意变更存放地点。

（2）呼吸防护用品的检查和保养

1）应按照呼吸防护用品使用说明书中有关内容和要求，由受过培训的人员实施检查和维护，对使用说明书未包括的内容，应向生产者或经销商咨询。

2）应对呼吸防护用品做定期检查和维护。

3）正压式呼吸防护用品使用后应立即更换用完的或部分使用的气瓶或呼吸气体发生器，并更换其他过滤元件。更换气瓶时不允许将空气瓶和氧气瓶互换。

4）应按国家有关规定，在具有相应压力容器检测资格的机构定期检测空气瓶或氧气瓶。

5）应使用专用润滑剂润滑高压空气或氧气设备。

6）不允许使用者自行重新装填过滤式呼吸防护用品滤毒罐或滤毒盒内的吸附过滤材料，也不允许采取任何方法自行延长已经失效的过滤元件的使用寿命。

（3）呼吸防护用品的清洗与消毒

1）个人专用的呼吸防护用品应定期清洗和消毒，非个人专用的每次使用后都应清洗和消毒。

2）不允许清洗过滤元件。对可更换过滤元件的过滤式呼吸防护用品，清洗前应将过滤元件取下。

3）清洗面罩时，应按使用说明书要求拆卸有关部件，并使用软毛刷在温水中清洗，或在温水中加入适量中性洗涤剂清洗，清水冲洗干净后在清洁场所避日风干。

4）若需使用广谱消毒剂消毒，在选用消毒剂时，如果需要预防特殊病菌传播，应先咨询呼吸防护用品生产者和工业卫生专家。应特别注意消毒剂生产者的使用说明，如稀释比例、温度和消毒时间等。

88. 供气式呼吸防护用品如何使用?

（1）使用前应检查供气气源质量，气源不应缺氧，供气空气污染物浓度不应超过国家有关的职业卫生标准或有关的供气空气质量标准。

（2）供气管接头不允许与作业场所其他气体导管接头通用。

（3）应避免供气管与作业现场其他移动物体相互干扰，不允许碾压供气管。

（4）使用前应检查各部件是否齐全和完好，有无破损、生锈，连接部位是否漏气等。

（5）空气呼吸器使用的压缩空气钢瓶，绝对不允许用于充氧气。所用气瓶应按压力容器的规定定期进行耐压试验，凡已超过有效期的气瓶，在使用前必须经耐压试验合格后才能充气。

（6）橡胶制品经过一段时间会自然老化而失去弹性，从而影响防毒面具的气密性。一般来说，面罩和导气管应每年更新，呼气阀每 6 个月应更换一次；若不经常使用而且保管妥善，面罩和吸气管可 3 年更换一次，呼气阀可每年更换一次。

呼吸器不用时应装入箱内，避免阳光照射，存放环境温度应不高于 40 ℃，且存放位置固定，方便紧急情况时取用。

（7）使用的呼吸器除日常现场检查外，应每 3 个月（使用频繁时，可少于 3 个月）检查一次。

89. 正压式空气呼吸器如何正确佩戴？

一般来说，应按照以下步骤正确佩戴正压式空气呼吸器：

（1）背上气瓶

将气瓶阀向下背上气瓶，通过拉肩带上的自由端，调节气瓶的上下位置和松紧度，直至感觉舒适为止。

（2）扣紧腰带

将腰带公扣插入母扣内，然后将左右两侧的伸缩带向后拉紧，确保扣牢。

（3）佩戴面罩

将面罩上的5根带子放到最松，把面罩置于佩戴者脸上，然后将头带从头部的上前方向后下方拉下，由上向下将面罩戴在头上。调整面罩位置，使下巴进入面罩下面凹形内，先收紧下端的两根颈带，然后收紧上端的两根头带及顶带，如果感觉不适，可调节头带松紧度。

（4）面罩密封

用手按住面罩接口处，通过吸气检查面罩密封是否良好。做深呼吸时，面罩两侧应向人体面部移动，若此时感觉呼吸困难，说明面罩气密良好，否则应继续收紧头带或重新佩戴面罩。

（5）装供气阀

将供气阀上的接口对准面罩插口，用力向上推，当听到"咔嚓"声时，安装完毕。

（6）检查仪器性能

完全打开气瓶阀，此时，应能听到报警哨短促的报警声，否则，报警哨失灵或者气瓶内无气。同时观察压力表读数，通过几次深呼吸检查供气阀性能，呼气和吸气都应舒畅、无不适感觉。

（7）使用

正确佩戴且经认真检查后即可投入使用。

相关链接

正压式空气呼吸器在使用过程中要随时注意压力表和报警器发出的报警信号。使用结束后，首先用手捏住下面左右两侧的颈带扣环向前推，松开颈带，再松开头带，将面罩从脸部由下向上脱下。然后，转动供气阀上旋钮，关闭供气阀，并捏住公扣榫头，退出母扣。最后，放松肩带，将仪器从背上卸下，关闭气瓶阀。

90. 过滤式呼吸防护用品过滤元件如何更换?

（1）防尘过滤元件的更换

防尘过滤元件的使用寿命受颗粒物浓度、使用者呼吸频率、过滤元件规格及环境条件的影响。随颗粒物在过滤元件上的富集，呼吸阻力将逐渐增加以致不能使用。当下述情况出现时，应更换过滤元件：

1）使用自吸过滤式呼吸防护用品人员感觉呼吸阻力明显增加。

2）使用电动送风过滤式防尘呼吸防护用品人员确认电池电量

正常，而送风量低于生产者规定的最低限值。

3）使用手动送风过滤式防尘呼吸防护用品人员感觉送风阻力明显增加。

（2）防毒过滤元件的更换

防毒过滤元件的使用寿命受空气污染物种类及其浓度、使用者呼吸频率、环境温度和湿度条件等因素影响。一般按照下述方法确定防毒过滤元件的更换时间：

1）当使用者可以闻到空气污染物味道或感到刺激时，应立即更换。

2）对于常规作业，建议根据经验、实验数据或其他客观方法，确定过滤元件更换时间表，定期更换。

3）每次使用后记录使用时间，帮助确定更换时间。

4）普通有机气体过滤元件过滤低沸点有机化合物后使用寿命通常会缩短，每次使用后应及时更换；对于其他有机化合物的防护，若两次使用时间相隔数日或数周，重新使用时也应考虑更换。

91. 自吸过滤式防毒呼吸用品的使用注意事项有哪些?

（1）使用前必须弄清作业环境中有毒物质的性质、浓度和空气中的氧气含量，在未弄清楚作业环境以前，应禁止使用。当毒气浓度大于规定使用范围或空气中的氧含量低于 18% 时，不能使用自吸过滤式防毒面具（或防毒口罩）。

（2）使用前应检查部件和结合部的气密性，若发生漏气应查明原因。例如，面罩选择不合适或佩戴不正确，橡胶主体有破损，呼吸阀的橡胶老化变形，滤毒罐破裂，面罩的部件连接松动等。面罩只有在保持良好的气密状态时才能使用。

（3）检查各部件是否完好，导气管有无堵塞或破损，金属部件有无生锈、变形，橡胶是否老化，螺纹接头有无生锈、变形，结合部连接是否紧密。

（4）检查滤毒罐表面有无破裂、压伤，螺纹是否完好，罐盖、罐底活塞是否齐全，罐盖内有无垫片，用力摇动时有无响声。检查面具袋内紧固滤毒罐的带、扣是否齐全和完好。

（5）在检查完各部件以后，应对整体防毒面具气密性进行检查。简单的检查方法是：打开橡胶底塞吸气，此时如没有空气进入，则证明连接正确，如有漏气，则应检查各部位连接是否正确。

（6）检查面罩的规格是否选用正确，在使用时，应使罩体边缘与脸部紧贴，眼窗中心位置应选在眼睛正前方下 1 厘米左右。

（7）根据劳动强度和作业环境空气中有害物质的浓度选用不同类型的防毒面具，如低浓度的作业环境可选用小型滤毒罐的防毒面具。

（8）严格遵守滤毒罐对有效使用时间的规定。在使用过程中必须记录滤毒罐已使用的时间、毒物性质、浓度等。若记录卡片上的累计使用时间达到了滤毒罐规定的时间，应立即停止使用。

（9）在使用过程中，严禁随意拧开滤毒罐的盖子，并防止水或其他液体进入罐中。

（10）防毒面具的眼窗镜片，应防摩擦划痕，保持视物清晰。

（11）防毒呼吸用品应专人使用和保管，使用后应清洗、消毒。在清洗和消毒时，应注意温度，不可使橡胶等部件因受温度影响而发生质变受损。

相关链接

常用的几款滤毒罐的防护对象如下：

（1）1 号滤毒罐

标色为绿色，主要防护综合气体，如氢氰酸、氯化氰、砷化氰、光气、双光气、硝基二氯甲烷（氯化苦）、苯、溴甲烷、氯乙烯氯砷（路易氏气）、二氯甲烷、芥子气等。

（2）2号滤毒罐

标色为橘红色，主要防护一氧化碳、各种有机物蒸气、氢氰酸及其衍生物等。

（3）3号滤毒罐

标色为棕色，主要防护有机气体，如苯、丙酮、醇类、二硫化碳、四氯化碳、三氯甲烷、溴甲烷、氯甲烷、硝基烷、氯化苦等。

（4）4号滤毒罐

标色为灰色，主要防护氨、硫化氢等。

（5）5号滤毒罐

标色为白色，主要防护一氧化碳等。

（6）6号滤毒罐

标色为黑色，主要防护汞蒸气等。

（7）7号滤毒罐

标色为黄色，主要防护酸性气体和蒸气，如二氧化硫、氯气、硫化氢、氮的氧化物、光气、磷和含磷有机农药等。

（8）8号滤毒罐

标色为蓝色，主要防护硫化氢等。

专家提示

滤毒罐应储存于干燥、清洁、空气流通的库房环境，严防潮湿、过热，有效期一般为5年。

92. 防尘口罩如何分类?

（1）按过滤材料分类

1）静电纤维防尘口罩：通过纤维中的静电吸附超微颗粒，具有防护性能好、透气好的优点。

2）玻璃纤维防尘口罩：由于不可降解等原因，此类防尘口罩极少被生产厂家采用。

（2）按颗粒物分类

防尘口罩根据颗粒物性质可分为 KN（防非油性颗粒物）类防尘口罩和 KP（防油性颗粒物）2 种。非油性颗粒物是指粉尘、烟、雾、微生物等；油性颗粒物是指油烟、油雾等油性颗粒物。

（3）按组成形态分类

1）粉尘防护鸭嘴形口罩。鸭嘴型口罩采用船型设计，外部有可供调节的鼻夹线，内部有海绵条，松紧带设计更加符合力学要求，密闭性能好，能绕过耳部，跨在头部，避免了由于长期佩戴口罩而造成的耳部不适，提高佩戴的舒适度。

鸭嘴形口罩的立体设计使交谈更加方便，特别是医疗用防止细菌、病毒感染以及工业用阻隔微小灰尘。该产品是全自动生产线制作，其内外层采用柔软无纺布制成，可减少纤维脱落现象并增加佩戴的舒适度；过滤层采用高效能熔喷材质，可有效阻绝粉尘及空气中非油性微粒。鸭嘴形口罩广泛应用于建筑、矿业、纺织、打磨、制药、水泥、玻璃、五金等生产行业。

2）带呼吸阀防尘口罩。带呼吸阀防尘口罩带有呼气阀的设计，减少了热量积聚，使呼吸更轻松，适合高温、高湿度环境下长时间使用；采用的无毒、无味、无过敏、无刺激原材料，提高了佩戴的舒适性与安全性；高滤效、低阻力可调节鼻夹，使口罩与脸部的密闭性更好，粉尘不能轻易漏入；静电处理的过滤层，能够有效地隔滤和吸附极细微的有害工业粉尘，防止矽肺病的发生；超音波焊接、氨纶丝材料的松紧带为佩戴者提供了更加有效地保护。该类口罩广泛应用于建筑业、农业畜牧业、食品加工业、水泥厂、纺织厂、切割粉尘、重金属有害污染物等作业场所。

（4）按产品类型分类

1）随弃式防尘口罩。随弃式防尘口罩主要由滤料构成面罩主体，为不可拆卸的半面罩，有或无呼气阀，一般不能清洗再用，任何部件失效即应废弃。

2）可更换式半面罩型防尘口罩。可更换式半面罩型防尘口罩为有单个或多个可更换过滤元件的密合型面罩，有或无呼吸气阀，有或无呼吸导管。根据是否可以拆解分为不可拆解型和可拆解型两类。

（5）按面部覆盖面积分类

防尘口罩根据面部覆盖面积可分为二分之一半面罩、四分之一半面罩和全面罩。其中，二分之一半面罩为能覆盖口、鼻和下颌的密合型面罩；四分之一半面罩为能覆盖口和鼻的密合型面罩；全面罩为能覆盖口、鼻、眼睛和下颌的密合型面罩。

93. 防尘口罩如何正确选择和佩戴？

（1）防尘口罩的选择原则

1）防尘口罩是特种劳动防护用品，必须获得国家标准认证。

2）根据作业环境中颗粒物的属性，正确选择适合 KN 或者 KP 类型防尘口罩。

3）根据颗粒物的浓度及颗粒大小，正确选择 KN90（KP90）、KN95（KP95）或者 KN100（KP100）等级过滤元件，高等级过滤元件能有效过滤颗粒物，杜绝呼吸伤害。

4）根据佩戴者身高体重，正确选择防尘口罩的号型，保证与面部的密合性。

5）选择呼吸阻力低，呼吸顺畅的防尘口罩，以减少对工作的干扰。

6）应尽量选择半面罩，因为覆盖口鼻、下颌型的防尘口罩面部压迫感低。

（2）防尘口罩的正确使用方法

防尘口罩结构虽然简单，但使用并不简单。选择适用且适合的口罩只是防护的第 步，要想真正起到防护作用，必须学会正确使用，这不仅包括根据使用说明书佩戴，确保每次佩戴位置正确（不泄漏），还必须在接尘作业中坚持佩戴，并及时发现口罩的失效迹象、及时更换。不同接尘环境粉尘浓度不同、每个人的使用时间不同、各种防尘口罩的容尘量和使用维护方法不同，因此口罩的使用寿命也不同，所以没有办法统一规定具体的更换时间，只能根据实际情况确定。当防尘口罩的任一部件出现破损、断裂和丢失（如鼻夹、鼻夹垫），以及明显感觉呼吸阻力增加时，应废弃整个口罩。

无论防毒还是防尘，防尘口罩的任何过滤元件都不应水洗，否则会破坏过滤元件。使用中若感觉不适，如头带过紧、阻力过高等，不允许擅自改变头带长度或将鼻夹弄松等，而应考虑选择更舒适的口罩或其他类型的呼吸器。好的呼吸器不仅适用性强，更应具有一定的舒适度和耐用性，表现在呼吸阻力增加过程缓慢（容尘量大）、面罩轻、头带不容易松垮、面罩不易塌、鼻夹或头带固定牢固，选材没有异味和对皮肤没有刺激等。

知识学习

正压测试：双手遮着口罩，大力呼气，如空气从口罩边缘溢出，即佩戴不当，须再次调校头带及鼻梁金属条；负压测试：双手遮住口罩，大力吸气，口罩中央应塌陷，如有空气从口罩边缘进入，即佩戴不当，须再次调校头带及鼻梁金属条。

94. 防尘口罩的使用注意事项有哪些?

（1）定期更换口罩

出现以下情况时应及时更换口罩：口罩受污染，如染有血渍或飞沫等异物；佩戴者感到呼吸阻力变大；口罩损毁；在口罩与佩戴者面部密合良好的情况下，佩戴者可以闻到有毒物的气味。

（2）口罩不宜长期佩戴

从人的生理结构来看，人的鼻腔黏膜血液循环非常旺盛，鼻腔里的通道又很曲折，和鼻毛构起一道生理上的过滤“屏障”。当空气被吸入鼻孔时，气流在曲折的通道中形成一股旋涡，使吸入鼻腔的气流得到加温。如果长期佩戴口罩，会使鼻腔黏膜变得脆弱，失去鼻腔原有的生理功能，故不能长期佩戴口罩。

（3）口罩两面不宜交替使用

口罩的外层往往积聚着很多外界空气中的灰尘、细菌等污物，而里层阻挡着呼出的细菌、唾液。因此，口罩的两面不能交替使用，否则外层沾染的污物会在直接紧贴面部时被吸入人体，而成为传染源。

（4）注意口罩的清洁

口罩在不戴时，应叠好放入清洁的信封内，并将紧贴口鼻的一面向里折好，切忌随便塞进口袋里或是在脖子上挂着。若口罩被呼出的热气或唾液弄湿，其阻隔病菌的作用就会大大降低。所以，平时最好多备几只口罩，以便替换使用，并应每日换洗一次。洗涤时应先用开水烫5分钟，再用手轻轻搓洗，清水洗净后在清洁场所风干。但是，有活性炭过滤的和一次性的口罩不必清洗。

知识学习

空气就像水流一样，哪里阻力小就先向哪里流动。当口罩形状与人脸不贴合时，空气中的危险物会从不贴合处泄漏进去，进入人的呼吸道。因此，如果口罩佩戴不正确，即便选用滤料再好的口罩，也无法保障健康。

95. 现场急救应遵循哪些基本原则?

现场急救是指针对生产劳动过程中和工作场所发生的各种意外伤害、急性中毒事故造成的外伤和突发危重伤病员等情况，在医务人员未到达之前，为了防止伤病病情恶化，减少伤病员痛苦和预防其休克等所应采取的初步紧急救护措施，又称院前急救。

现场急救总的任务是采取及时有效的急救措施和技术，最大限度地减少伤病员的痛苦，降低致残率和死亡率，为医院抢救打好基础。现场急救应遵循的原则如下：

（1）先复后固的原则

遇有心跳、呼吸骤停又有骨折者，应先用口对口人工呼吸和胸外心脏按压等技术使伤病员心、肺、脑复苏，当心跳、呼吸恢复后，再进行骨折固定。

（2）先止后包的原则

遇有大出血又有创口者时，首先立即用指压、止血带或药物等方法止血，接着再消毒，并对创口进行包扎。

（3）先重后轻的原则

遇有垂危的和伤情较轻的伤病员时，应优先抢救危重者，后抢救伤情较轻的伤病员。

（4）先救后运的原则

发现伤病员时，应先救后送。在送伤病员到医院途中，不要停止抢救，应持续观察病、伤变化，少颠簸、注意保暖，以确保能够平安抵达最近医院。

（5）急救与呼救并重的原则

在遇有成批伤病员且现场还有其他参与急救的人员时，要迅速而镇定地分工合作，急救和呼救可同时进行，以尽快地争取救援。

（6）转运与急救一致性的原则

在转运危重伤病员的途中，应继续进行抢救工作，减少伤病员不应有的痛苦和死亡，争取能够安全到达目的地。

专家提示

抢救人员在抢救过程中应注意以下几点：

（1）避免直接接触伤病员的体液。

（2）使用防护手套，并用防水胶布贴住自己皮肤损伤处。

（3）急救前和急救后都要洗手。眼、口、鼻或者任何皮肤损伤处一旦溅有伤病员的血液，应尽快用肥皂水清洗，必要时再去医院处理。

（4）进行口对口人工呼吸时，尽量使用人工呼吸面罩。

96. 现场急救的基本步骤是什么？

当各种意外事故和急性中毒发生后，参与生产现场救护的人员要沉着、冷静，切忌惊慌失措。时间就是生命，应尽快对中毒者或伤员进行认真仔细地检查，确定伤病情，检查内容包括意识、呼吸、脉搏、血压、瞳孔是否正常，有无出血、休克、外伤、烧伤，是否伴有其他损伤等。总体来说，现场急救应按照紧急呼救、判断伤情和救护三大步骤进行。

（1）紧急呼救

当事故发生，发现了危重伤员，经过现场评估和病情判断后需要立即救护，同时立即向救护医疗服务系统或附近担负院外急救任务的医疗部门、社区卫生单位报告，常用的急救电话为“120”。急救机构接到急救电话后应立即派出专业救护人员、救护车至现场抢救。

（2）判断伤情

在现场巡视后应对伤员进行最初评估。发现伤员，尤其是处在情况复杂的现场，救护人员需要通过检查伤员的意识、气道、呼吸、循环体征等，首先确认伤情并立即处理威胁生命的情况。

（3）救护

灾害事故现场一般都很混乱，因此统一的组织指挥特别重要。快速组成临时现场救护小组、建立统一指挥、加强灾害事故现场一线救护，是保证抢救成功的关键措施。

灾害事故发生后，为避免慌乱，应尽可能缩短伤后至抢救的时间，强调提高基本治疗技术是做好灾害事故现场救护的最重要的问题。只有善于应用现有的先进科技手段，体现“立体救护、快速反应”的救护原则，才能提高救护的成功率。

现场救护原则是先救命后治伤，先重伤后轻伤，先分类再运送，先抢后救，抢中有救，使伤员尽快脱离事故现场，医务人员以救为主，其他人员以抢为主，各负其责，相互配合，以免延误抢救时机。现场救护人员同时也应注意自身防护。

97. 发生急性中毒时如何急救?

发生急性中毒后，一般分除毒、解毒和对症救护、给予生命支持三步进行急救。

（1）除毒

1）吸入毒物的急救。发现有人吸入毒物后，应立即将其救离中毒现场，搬至空气新鲜的地方，解开衣领，以保持呼吸道通畅。若伤员出现昏迷时，要取出义齿（如有），将舌头牵引出来。

2）清除皮肤毒物。伤员的皮肤沾染毒物时，应迅速使伤员离开中毒现场，脱去被污染的衣物，用流动清水或温水反复冲洗身体，清除沾污的毒性物质。有条件者，可用1%醋酸或1%~2%稀盐酸、酸性果汁冲洗碱性毒物；用3%~5%碳酸氢钠或石灰水、小苏打水、肥皂水冲洗酸性毒物；敌百虫中毒忌用碱性溶液冲洗。

3）清除眼内毒物。当眼睛进入毒物时，应迅速用清水冲洗眼部 5~10 分钟。酸性毒物用 2%碳酸氢钠溶液冲洗，碱性毒物用 3%硼酸溶液冲洗，最后可点 0.25% 氯霉素眼药水或 0.5% 金霉素眼药膏以防止感染。无药液时，只用微温清水冲洗亦可。

4）经口误服毒物的急救。当伤员口服毒物时，急救方法如下：

①催吐。对于已经明确属口服毒物的神志清醒的伤员，应马上采取催吐的办法，使毒物从体内排出。首先让伤员取坐位，上身前倾并饮水 300~500 毫升（普通的玻璃杯 1 杯），然后让伤员弯腰低头，面部朝下，救护人员站在伤员身旁，手心朝向伤员面部，将中指伸到伤员口中（若留有长指甲，须剪短），用中指指肚向上勾按伤员软腭（紧挨上牙的是硬腭，再往后就是柔软的软腭），按

压软腭造成的刺激可以使伤员呕吐。呕吐后再让伤员饮水并再刺激其软腭使其呕吐，如此反复操作，直至伤员吐出的是清水为止。也可用羽毛、筷子、压舌板，或触摸咽部催吐。催吐可在发病现场进行，也可在送往医院的途中进行，总之越早越好。有条件的还可服用1%硫酸锌溶液50~100毫升。必要时可用去水吗啡（阿扑吗啡）5毫克进行皮下注射。

催吐禁忌人群：口服强酸、强碱等腐蚀性毒物者，已发生昏迷、抽搐、惊厥者，严重心脏病、食道胃底静脉曲张、胃溃疡、主动脉夹瘤的患者，孕妇等。

②洗胃。如果伤员神志清醒，则应尽快进行洗胃，但神志不清、惊厥抽动、休克、昏迷者忌用。洗胃只能在医务人员指导下进行，洗胃液体一般用清水，如条件许可，亦可用无强烈刺激性的化学液体破坏或中和胃中毒物。

③灌肠。腐蚀性毒物中毒可经消化道灌入蛋清、稠米汤、淀粉糊、牛奶等，以保护胃肠黏膜，延缓毒物的吸收；口服炭末、白陶土也可延缓毒物的吸收，因为炭有吸附毒物的功能。

5）促进毒物的排出。使用以下方法可促使已进入体内的毒物排出：

①利尿排毒。大量饮水、喝茶水都有利尿排毒的作用，也可口服呋塞米（利尿剂）20~40毫克。

②静脉注射排毒。用5%葡萄糖40~60毫升，加维生素C 500毫克静脉点滴。

③换血排毒。该法常用于毒性极大的氰化物、砷化物中毒，可将伤员的血液换成同型健康人的血。

④透析排毒。在医院可做血液腹膜、结肠透析以清除毒物。

6）镇静和保暖。镇静和保暖是抢救过程中减少伤员耗氧的极为重要的环节，可使用常见镇静药物如盐酸异丙嗪片 25 毫克、安定 10 毫克进行肌内注射。

（2）解毒和对症救护

解毒和对症救护需在医院进行。

（3）给予生命支持

在医务人员到达之前或在送去医院途中，对已发生昏迷的伤员应采取正确体位，以防止其窒息；对已发生心跳、呼吸停止的伤员应实施心肺复苏等。

98. 急性中毒急救应遵循什么原则？

急性中毒者病情急、损伤严重，需要紧急处理。因此，急性中毒的急救原则应突出四个字，即“快”“稳”“准”“动”。“快”即迅速，分秒必争；“稳”即沉着、镇静、胆大、果断；“准”即判断准确，不要采用错误方法急救；“动”即动态观察，判断出现的症状与所用措施是否对症。

专家提示

某种物质进入人体后，通过生物化学或生物物理作用，使组织产生功能紊乱或结构损害，引起机体病变称为中毒。能引起中毒的物质称为毒物，但毒物的概念是相对的，治疗药物在过量时同样会产生毒性作用，而某些毒物在小剂量时又会有一定治疗作用。因此一般把较小剂量就能危害人体的物质称为毒物。一定毒物在短时间内突然进入机体，产生一系列的病理生理变化，甚至危及生命的称为急性中毒。毒物的吸收途径如下：

（1）消化道吸收：口服最常见，主要通过小肠吸收。

（2）呼吸道吸收：经呼吸道吸入呈气态、雾状物，如一氧化碳、硫化氢及雾状农药等。

（3）皮肤、黏膜吸收：经皮肤吸收有机磷（喷洒农药）、乙醚等，黏膜易吸收砷化合物。

（4）血液直接吸收：如注射及毒蛇、狂犬咬伤等。

99. 发生中毒窒息如何救护？

（1）抢救人员进入危险区必须戴上防毒面具、自救器等防护用品，必要时也需要给中毒者佩戴，迅速将中毒者转移到有新鲜风流的地方，静卧保暖。

（2）如果是一氧化碳中毒，中毒者还没有停止呼吸或呼吸虽已停止但心脏还在跳动，在清除中毒者口腔和鼻腔内的杂物使呼吸道保持畅通后，应立即进行人工呼吸急救。若心脏跳动也停止了，应迅速进行胸外心脏按压急救，同时进行人工呼吸。

（3）如果是硫化氢中毒，在进行人工呼吸之前，要用浸透食盐溶液的棉花或手帕盖住中毒者的口鼻。

（4）如果是因瓦斯或二氧化碳窒息，情况不太严重时，把窒息者转移到空气新鲜的场地稍作休息，窒息者一般会自行苏醒，如果窒息时间比较长，就要进行人工呼吸抢救。

（5）在救护中，抢救人员一定要沉着，动作要迅速，在进行急救的同时，应通知医生到现场进行救治。

专家提示

一氧化碳、二氧化碳、二氧化硫、硫化氢等超过允许浓度时，均能使人吸入后中毒。发生中毒窒息事故后，抢救人员千万不要贸然进入现场施救，首先要做好自身防护措施，避免成为新的受害者。

100. 刺激性气体中毒如何急救？

过量吸入刺激性气体并引起以呼吸道刺激、炎症乃至肺水肿为主要表现的疾病状态，称为刺激性气体中毒。

（1）主要毒物

最常见的刺激性气体可大致分为如下几类：

1）酸类和成酸化合物，如硫酸、盐酸，硝酸、氢氟酸等酸雾，二氧化硫、二氧化氮、五氧化二氮、五氧化二磷等成酸氧化物（酸酐），氟化氢、氯化氢、溴化氢、硫化氢等成酸氢化物。

2）氨和胺类化合物，如氨、甲胺、乙胺、乙二胺、乙烯胺等。

3）卤素及卤素化合物，以氯气及含氯化合物（如光气）最为常见。近年有机氟化物中毒亦有增多，如八氟异丁烯、二氟一氯甲烷裂解气、氟利昂、聚四氟乙烯热裂解气等。

4）金属或类金属化合物（蒸气），如氧化镉、五氧化二钒、硒等。

5）酯、醛、酮、醚等有机化合物，前两者刺激性尤强，如硫酸二甲酯、甲醛等。

6）化学武器，如刺激性毒剂（苯氯乙酮、亚当气等）、糜烂性毒剂（芥子气、氮芥气）等。

7）其他。例如，臭氧也是导致刺激性气体中毒的重要病因，它常被用作消毒剂、漂白剂、强氧化剂，空气中的氧在高温或短波紫外线照射下也可转化为臭氧，最常见于氩弧焊、X线机、紫外线灯管、复印设备等工作。现代建筑材料、家具、室内装饰中已广泛采用高分子聚合物，故其失火烟雾中常含大量具有刺激性的热解物，如氮氧化物、氯气、氯化氢、光气、氨气等，应引起注意。

（2）刺激性气体的毒性作用

刺激性气体的主要毒性在于它们对呼吸系统的刺激及损伤作用，这是因为它们可在黏膜表面形成具有强烈腐蚀作用的物质，如酸类物质或成酸化合物、氨或胺类化合物、酯类、光气等。有的刺激性气体本身就是强氧化剂，如臭氧，可直接引起过氧化损伤。上述毒性作用发生在呼吸道则可引起刺激反应，严重者可导致化学性炎症、水肿、充血、出血，甚至黏膜坏死；发生在肺泡，则可引起化学性肺水肿。化学物质的刺激性还可引起支气管痉挛及分泌物增加，进一步加重可导致肺水肿。

（3）刺激性气体中毒症状

刺激性气体中毒主要存在以下三种中毒症状：

1）化学性（中毒性）呼吸道炎。化学性呼吸道炎主要因刺激性气体对呼吸道黏膜的直接刺激损伤作用所引起，水溶性越大的刺激性气体对上呼吸道的损伤作用也越强，其进入深部肺组织的量也相应较少，如氯气、氨气、二氧化硫、各种酸雾等。化学性呼吸道炎可同时见有鼻炎、咽喉炎、气管炎、支气管炎等表现及眼部刺激症状，如喷嚏、流涕、流泪、畏光、眼痛、喉干、咽痛、声嘶、咳嗽、咳痰等，严重时可有血痰及气急、胸闷、胸痛等症状；吸入高浓度刺激性气体可因喉头水肿而致明显缺氧、发绀，有时甚至引起喉头痉挛，导致窒息死亡。较重的化学性呼吸道炎可出现头痛、头晕、乏力、心悸、恶心等全身症状。轻度刺激性气体中毒，或高浓度刺激性气体吸入早期，应及时脱离中毒现场，给予适当处理后多能很快康复。

2）化学性（中毒性）肺炎。进入呼吸道深部的刺激性气体对细支气管及肺泡上皮的刺激损伤作用可引起中毒性肺炎，除有呼吸道刺激症状外，主要表现为较明显的胸闷、胸痛、呼吸急促、咳嗽、痰多，甚至咯血；体温多有中度升高，并伴有较明显的全身症状，如头痛、畏寒、乏力、恶心、呕吐等，一般可持续 3~5 天。

3）化学性（中毒性）肺水肿。化学性肺水肿是吸入刺激性气体后最严重的表现，如吸入高浓度刺激性气体可在短期内迅速出现严重的肺水肿，但一般情况下，化学性肺水肿多由化学性呼吸道炎乃至化学性肺炎演变而来，如积极采取措施，可减轻或防止

肺水肿发生，对改善愈后有重要意义。

肺水肿的主要特点是伤员突然发生呼吸急促、严重胸闷气憋、剧烈咳嗽等症状，并出现大量泡沫痰，呼吸常达 30~40 次 / 分以上，伴有明显发绀、烦躁不安、大汗淋漓，在这种情况下，伤员不可平卧。多数化学性肺水肿治愈后不会有后遗症，但有些刺激性气体如光气、氮氧化物、有机氟热裂解气等引起的肺水肿，在恢复 2~6 周后可出现逐渐加重的咳嗽、发热、呼吸困难，甚至出现急性呼吸衰竭而导致死亡；还有些危险化学品，如氯气、氨气等可导致慢性堵塞性肺疾患；有机氟化合物、现代建筑失火烟雾等则可引起肺间质纤维化等。

（4）刺激性气体中毒的急救措施

刺激性气体中毒现场急救原则：迅速使伤员脱离事故现场，

对无心跳、呼吸者采取心肺复苏急救。

1）群体性刺激性气体中毒院内救护主要措施如下：

①做好准备。

②根据初步了解的事故规模、严重程度，做好药品、器材及特殊检验、特殊检查方面的准备工作，并与有关科室联络，以便协助处理伤员。

③根据随伤员转送来的资料，按病情分级安排病房，并在入院检查后根据病情进展情况随时进行调整。各级伤员应统一巡诊，分工负责，严密观察，及时处置。原则上凡有急性刺激性气体吸入者，均应至少留观 24 小时。

④严格病房无菌观念及隔离消毒制度，观察期及危重伤员应谢绝探视，保证病房安静、清洁的治疗环境。

2）早期（诱导期）的治疗处理如下：

①所有伤员，包括留观者，应尽早进行 X 线胸片检查，记录液体出入量，静卧休息。

②积极改善症状，如剧咳者可使用祛痰止咳剂，包括适当使用强力中枢性镇咳剂；躁动不安者可给予安定镇静剂，如立定、盐酸异丙嗪片；支气管痉挛时可吸入异丙基肾上腺素气雾剂或静脉注射氨茶碱；中和性药物雾化吸入有助于缓解呼吸道刺激症状，其中加入糖皮质激素、氨茶碱等效果更好。

③适度供氧。多用鼻塞或面罩，进入肺内的氧浓度应小于 55%；慎用机械正压供氧，以免诱发气道坏死组织堵塞、纵隔气肿、气胸等。

④严格避免任何增加心肺负荷的活动，如体力负荷、情绪激

动、剧咳、排便困难、过快过量输液等，必要时可使用药物进行控制，并可适当利尿脱水。

⑤抗感染。

⑥采用抗自由基制剂及钙通道阻滞剂，以在亚细胞水平上切断肺水肿的发生。

血的教训

某日下午，某化工厂 2 号氯冷凝器出现穿孔，氯气泄漏，厂方随即进行处置。次日凌晨 1 时左右，裂管发生爆炸。4 时左右，再次发生局部爆炸，大量氯气向周围弥漫。由于附近居民和单位较多，当地连夜组织人员疏散居民。17 时 57 分，5 个装有液氯的氯罐突然发生爆炸，当场造成 9 人死亡，导致附近 15 万人被疏散。事故发生后，当地消防特勤队员 24 小时用高压水网（碱液）进行高空稀释，在较短的时间内控制了氯气扩散。

为避免剩余氯罐产生更大危害，现场指挥部和专家研究决定引爆氯罐。最终，存在危险的汽化器和储槽罐被全部销毁，当地解除警报。

在本起应急救援过程中，迅速疏散群众避免进一步伤亡是本次应急响应的亮点，但对氯罐的处置过程还有需要改进的地方。

101. 化学性眼灼伤如何急救?

酸、碱等化学物质溅入眼部可引起损伤，其损伤程度和愈后取决于化学物质的性质、浓度、渗透力和其与眼部接触的时间。常见的可引起化学性眼灼伤的物质有硫酸、硝酸、氨水、氢氧化钾、氢氧化钠等，碱性化学品的毒性较大。

（1）灼伤症状

1）低浓度酸、碱灼伤：刺痛、流泪、怕光、眼结膜充血、结膜和角膜上皮脱落。

2）高浓度酸、碱灼伤：剧烈疼痛、流泪、怕光、眼睑痉挛、眼睑及结膜高度充血水肿、局部组织坏死。

3）严重的酸、碱灼伤：可损害眼的深部组织，出现虹膜炎、前房积脓、晶体浑浊、全眼球炎，甚至眼球穿孔、萎缩或继发青光眼。

（2）急救措施

1）发生化学性眼灼伤，应立即彻底冲洗。现场可用自来水进行充分冲洗，冲洗时间至少为半小时。如无水龙头，可把头浸入盛有清洁水的盆内，把上下眼睑翻开，使眼球在水中轻轻左右摆动，然后再送至医院治疗。

2）用生理盐水冲洗，以稀释和去除化学物质。冲洗时，应注意穹窿部结膜是否有固体化学物质残留，并应去除坏死组织。石灰和电石颗粒灼伤，应先用蘸植物油的棉签清除残余颗粒后，再用水冲洗。

102. 化学性皮肤灼伤如何急救?

（1）应使伤员迅速脱离现场，脱去污染的衣服，并立即用大量流动的清水冲洗 20~30 分钟。被碱性物质污染后冲洗时间应延长，应特别注意眼及其他特殊部位，如头、面、手、会阴的冲洗。灼伤创面经水冲洗后，必要时应进行合理的中和治疗。例如，氢氟酸灼伤，经水冲洗后，需及时用钙、镁的制剂局部中和治疗，必要时可用葡萄糖酸钙进行静脉注射。

（2）化学灼伤创面应彻底清创、剪去水疱、清除坏死组织。深度创面应立即或在早期进行削（切）痂植皮及延迟植皮。例如，被黄磷灼伤后应及早切痂，防止磷吸收中毒。

（3）对有些化学物灼伤，如氰化物、酚类、氯化钡、氢氟酸等在冲洗时应进行适当的解毒急救处理。

（4）化学灼伤合并休克时，冲洗应从速、从简，并立即积极进行抗休克治疗。

（5）积极防治感染，合理使用抗生素。

1）清创后，创面外搽 1% 磺胺嘧啶银霜剂（磺胺过敏者忌用）。

2）伤后 3 天内使用青霉素，预防乙型链球菌感染。

3）大面积深度灼伤、休克期病情不平稳或曾经长途转运、合并爆炸伤或创面严重感染、不易干燥、有出血点或创缘明显炎性浸润的伤病员，伤后第二天即应调整抗生素，选择主要针对革兰氏阴性杆菌的抗生素如氨苄、氧哌嗪青霉素或第二、三代头孢菌素（头孢哌酮），必要时可联合应用一种氨基糖苷类抗生素（链霉素、庆大霉素或丁胺卡那霉素等），并兼用抗阳性球菌的抗生素。若有继续使用抗生素的指征，应根据药敏试验重新调整抗生素。

4）如果植皮手术前创面培养分离到乙型溶血性链球菌，必须在术前和术后对伤员全身应用大剂量青霉素。青霉素过敏者可选用红霉素。

5）灼伤后期引起败血症的病原菌主要是金黄色葡萄球菌，故应选择对金黄色葡萄球菌敏感的抗生素。由于大多数金黄色葡萄球菌对青霉素具有耐药性，因此临床中常用耐青霉素酶的青霉素如头孢菌素（第一代如头孢氨苄、头孢唑啉、头孢噻吩）对抗金黄色葡萄球菌。但在抗击金黄色葡萄球菌（属革兰阳性球菌）时，仍不能忽视革兰氏阴性杆菌感染的可能性。

6）关于重症感染中抗生素的应用，一般原则为一种 β－内酰胺类抗生素（包括青霉素类和头孢菌素类）加一种氨基糖苷类（包括链霉素、庆大霉素、丁胺卡那霉素等）较为合适，具体用药方案取决于致病菌种类和药敏试验。

103. 如何进行现场紧急心肺复苏?

实施心肺复苏时，首先要判断伤员的呼吸、心跳，一旦判定呼吸、心跳停止，则尽快实施心肺复苏。心肺复苏应按照正确的步骤和方法进行。

（1）开放气道

用最短的时间，先将伤员衣领口、领带、围巾等解开，戴上手套迅速清除伤员口鼻内的污泥、土块、痰、呕吐物等异物，以利于呼吸道畅通，再将气道打开。

1）仰头举颌法

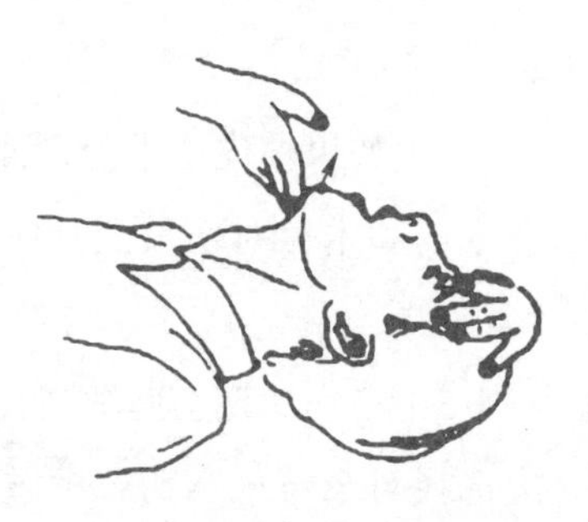

①救护人员用一只手的小鱼际部位置于伤员的前额并稍加用力使头后仰，另一只手的食指、中指置于下颌将下颌骨上提。

②救护人员手指不要深压颌下软组织，以免阻塞气道。

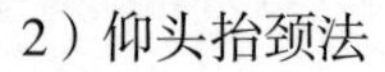

2）仰头抬颈法

①救护人员用一只手的小鱼际部位放在伤员前额，向下稍加用力使头后仰，另一只手置于颈部并将颈部上托。

②无颈部外伤才能用此方法。

3）双下颌上提法

①救护人员双手手指放在伤员下颌角，向上或向后方提起下颌。

②头保持正中位，不能使头后仰，不可左右扭动。

③适用于怀疑颈椎外伤的伤员。

4）手勾异物

①如伤员无意识，救护人员用一只手的拇指和其他四指，握住伤员舌和下颌后掰开伤员嘴并上提下颌。

②救护人员另一只手的食指沿伤员口内插入。

③用勾取动作，抠出固体异物。

（2）口对口人工呼吸

口对口人工呼吸的主要步骤为：

1）救护人员将压前额手的拇、食指捏闭伤员的鼻孔，另一只手托其下颌。

2）将伤员的口张开，救护人员做深呼吸，用口紧贴并包住伤员口部吹气。

3）伤员胸部有起伏方为有效。

4）脱离伤员口部，放松捏鼻孔的拇、食指，观察伤员胸廓是否复原。

5）感到伤员口鼻部有气呼出。

6）连续吹气两次，使伤员肺部充分换气。

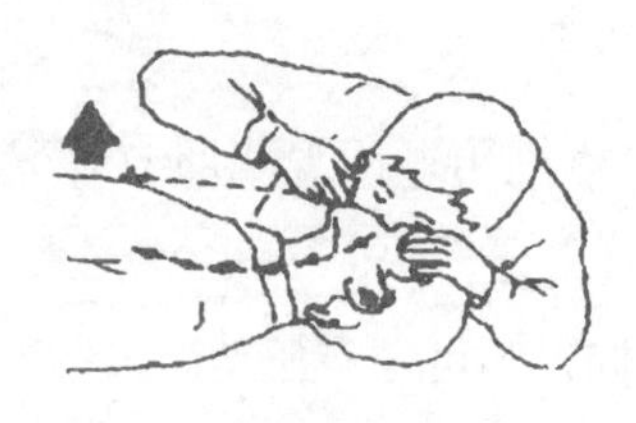

a) 口对口人工呼吸

b) 观察胸部起伏

（3）心脏复苏

判定心跳是否停止，摸伤员的颈动脉有无搏动，如无搏动，立即进行胸外心脏按压。实施心肺复苏的主要步骤如下：

1）用一只手的掌根按在伤员胸骨中下 1/3 段交界处。

2）另一只手压在该手的手背上，双手手指均应翘起，不能平压在伤员胸壁。

3）双肘关节伸直。

4）利用体重和肩臂力量垂直向下挤压。

5）使伤员胸骨下陷 4 厘米。

6）略停顿后在原位放松。

7）手掌根不能离开心脏定位点。

8）连续进行 15 次心脏按压。

9）再口对口吹气两次后按压心脏 15 次，如此反复。

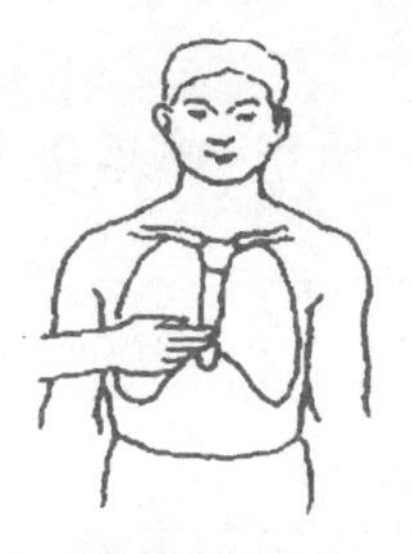

a) 确定胸骨下切迹

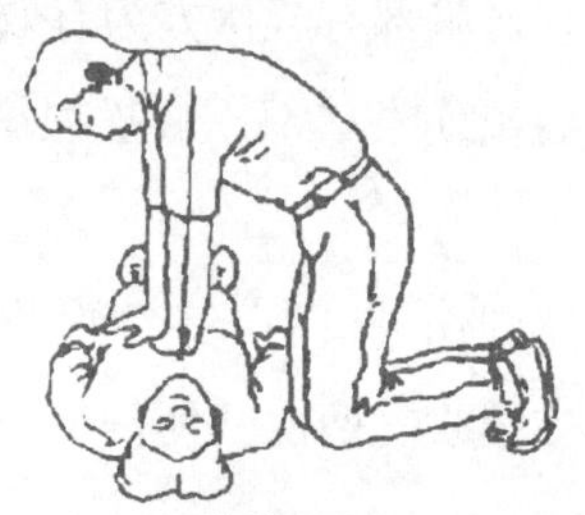

b) 胸外心脏按压

104. 心肺复苏有效有哪些表现?

对于神志不清的病人，观察其脑活动的主要指标有五个方面：即瞳孔变化、睫毛反射、挣扎表现、肌肉张力和自主呼吸的方式，这些都是脑活动最起码的征象，如果有一项较好，就可表明携带有充分氧气的血流正流向大脑，并保护脑组织免予损伤。心肺复苏效果主要看以下五个方面：

（1）颈动脉搏动

心脏按压有效时，可随每次按压触及一次颈动脉搏动，测血压为 5.3/8 千帕（40/60 毫米汞柱）以上，提示心脏按压方法正确。若停止按压，脉搏仍然搏动，说明病人自主心跳已恢复。

（2）面色转红润

复苏有效时病人面色、口唇、皮肤颜色由苍白或发绀转变为红润。

（3）意识渐恢复

复苏有效时，病人昏迷变浅，眼球活动，出现挣扎，或给予强刺激后出现保护性反射活动，甚至手足开始活动，肌张力增强。

（4）出现自主呼吸

当病人出现自主呼吸时，也应注意观察病人的呼吸情况，有时很微弱的自主呼吸不足以满足肌体供氧需要，如果不进行人工呼吸，则很快又停止呼吸。

（5）瞳孔变小

复苏有效时，扩大的瞳孔变小，并出现对光反射。

专家提示

在复苏时必须经常观察瞳孔，因为瞳孔的变化可以十分灵敏地反映出治疗是否有效。如果扩大的瞳孔通过复苏仍不缩小，通常说明复苏无效。如果复苏明显延误则也可能为脑损害所致，但这种脑损害并非一定是永久的。在急救过程中经常会遇到瞳孔逐渐增大的现象，特别是在复苏过久的情况下，但如果瞳孔未最大限度扩大或仍有脑活动的其他征象存在时，则有可能并不是治疗无效或脑损害。不过，如果瞳孔迅速扩大，则说明病人情况较危急。扩大的瞳孔在心跳恢复后很快缩小，说明无严重脑损害发生。

病人出现挣扎也是有效复苏的一个征象，它说明大脑已受到充分地保护。当出现挣扎时，有以下几种处理方法：一是静脉注射安定 5~10 毫升，使病人镇静，安定可消除睫毛反射，但不影响其他脑活动的体征；二是间断使用小剂量硫喷妥钠，虽然这种肌肉松弛剂也能消除挣扎，并便于气管插管操作，但是使用这类药物后就可能只留下瞳孔这一项脑活动征象，不利于对病人复苏情况进行及时观察。

105. 胸外心脏按压的基本要领是什么?

（1）使伤员仰卧在比较坚实的地面或地板上，解开衣服，清除口内异物，然后进行急救。

（2）救护人员蹲跪在伤员腰部一侧，或跨腰跪在其腰部，两手相叠。将掌根部放在被救护者胸骨下 1/3 的部位，即把中指尖放在其颈部凹陷的下边缘，手掌的根部就是正确的压点。

（3）救护人员两臂肘部伸直，掌根略带冲击地用力垂直下压，压陷深度为 3~5 厘米。按压频率为 100~120 次 / 分钟，太快和太慢效果都不好。

（4）按压后，掌根迅速放松，让伤员胸部自动复原。放松时掌根不必完全离开胸部。当进行急救时，应按以上步骤连续不断地进行操作。按压时定位必须准确，压力要适当，不可用力过大过猛，以免挤压出胃中的食物，堵塞气管，影响呼吸，或造成肋骨折断、气血胸或内脏损伤等；也不能用力过小，而起不到按压的作用。

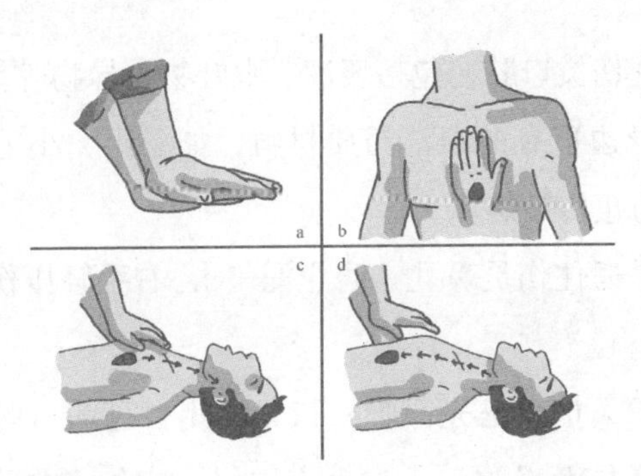

（5）伤员一旦呼吸和心跳均已停止，应同时进行口对口人工呼吸和胸外心脏按压。如果现场仅有 1 人救护，两种方法应交替进行，每次吹气 2~3 次，再按压 10~15 次。

（6）人工呼吸和胸外心脏按压（人工氧合）急救，在救护人员体力允许的情况下，应连续进行，尽量不要停止，直到伤员恢复自主呼吸与脉搏跳动，或有专业救护人员到达现场。

106. 怎样做口对口人工呼吸？

（1）将伤员置于仰卧位，救护人员站在伤员右侧，将伤员颈部伸直，右手向上托伤员的下颌，使伤员的头部后仰。这样，伤员的气管能充分伸直，有利于人工呼吸。

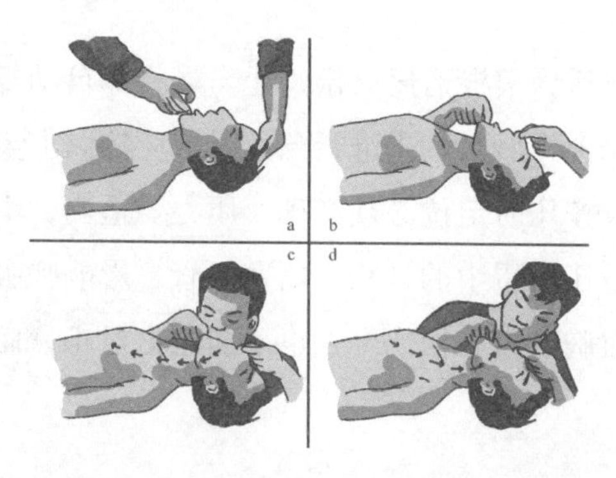

（2）清理伤员口腔，包括痰液、呕吐物及异物等。

（3）用身边现有的清洁布质材料，如手绢、小毛巾等覆盖在伤员口部，防止传染病。

（4）左手捏住伤员鼻孔（防止漏气），右手轻压伤员下颌，将口腔打开。

（5）救护人员自己先深吸一口气，用自己的口唇把伤员的口唇包住，向伤员嘴里吹气。吹气应均匀、持久（像平时长出一口气一样），但不要用力过猛。吹气的同时用余光观察伤员的胸部，如看到伤员的胸部膨起，表明气体吹进了伤员的肺脏，吹气的力度合适。如果伤员胸部没有膨起，说明吹气力度不够，应适当加强。吹气后待伤员膨起的胸部自然回落后，再深吸一口气重复吹气，反复进行。

（6）对一岁以下婴儿进行抢救时，救护人员要用自己的嘴把婴儿的嘴和鼻子全部包住进行人工呼吸。对婴幼儿和儿童施救时，吹气力度要减小。

（7）每分钟吹气 10~12 次。

（8）只要伤员未恢复自主呼吸，就要持续进行人工呼吸，不要中断，直至救护车到达，再交给专业救护人员继续抢救。

（9）如果身边有面罩和呼吸气囊，可用面罩和呼吸气囊进行人工呼吸。